走进科学·生物世界丛书

SHENMI DE SHOULEI WANGGUO

神秘的兽类王国

本书编写组◎编

U0305983

　　"走进科学"让我们了解科学的精神，具有科学的思想，激励我们使用科学的方法，学到科学的知识。人的生命和大自然息息相关，让我们走进多姿多彩的大自然，了解各种生物的故事踏上探索生物的旅程。

ZOUJIN KEXUE
SHENGWU SHIJIE CONGSHU

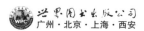世界图书出版公司
广州·北京·上海·西安

图书在版编目（CIP）数据

神秘的兽类王国／《神秘的兽类王国》编写组编著
. —广州：广东世界图书出版公司，2009. 12 （2024.2 重印）
ISBN 978－7－5100－1560－1

Ⅰ．①神⋯　Ⅱ．①神⋯　Ⅲ．①哺乳动物纲－青少年读
物　Ⅳ．①Q959. 8－49

中国版本图书馆 CIP 数据核字（2009）第 237610 号

书　　名	神秘的兽类王国	
	SHENMI DE SHOULEI WANGGUO	
编　　者	《神秘的兽类王国》编写组	
责任编辑	韩海霞	
装帧设计	三棵树设计工作组	
出版发行	世界图书出版有限公司　世界图书出版广东有限公司	
地　　址	广州市海珠区新港西路大江冲 25 号	
邮　　编	510300	
电　　话	020-84452179	
网　　址	http://www.gdst.com.cn	
邮　　箱	wpc_gdst@163.com	
经　　销	新华书店	
印　　刷	唐山富达印务有限公司	
开　　本	787mm×1092mm　1/16	
印　　张	10	
字　　数	120 千字	
版　　次	2009 年 12 月第 1 版　2024 年 2 月第 10 次印刷	
国际书号	ISBN　978-7-5100-1560-1	
定　　价	48.00 元	

前　言
PREFACE

　　兽类从进化的程度来说，可分为原兽类，如鸭嘴兽、针鼹等卵生动物，它们是兽类中最原始的一类；其次是后兽类，这一类动物虽较原兽类进化程度高些，但也属于古老低等的一类，如有袋类动物，它们虽然是胎生，但没有胎盘，幼兽是在母兽的育儿袋中发育成长的；最后是真兽类，它们是现生兽类中最高等的哺乳动物，是脊椎动物甚至整个动物界中进化地位最高的类群。

　　兽类与人类有着密切的关系，除供应人类肉食、毛皮和役用外，有的还具有很高的科学价值。属于食虫目的刺猬、鼩鼱是兽类中古老而原始的类群，是多种地下害虫的天敌；翼手目动物是兽类中惟一能够飞行的类群，多种蝙蝠在飞翔中捕食害虫；属鳞甲目的穿山甲全身布满鳞甲，长着细长的舌头，以其分泌的粘液取食蚂蚁和白蚁，它们都是人类的朋友。灵长目的各种猿猴都是珍贵的保护动物，其中金丝猴、台湾猴、白头叶猴等仅见于我国；生有强大裂齿和发达犬齿的食肉动物（包括大熊猫）以及野马、野骆驼、白唇鹿、海南坡鹿、黑鹿、羚牛、藏羚、高鼻羚羊等有蹄类，多为中、大型重要的经济种类和珍稀保护动物。

　　因此，在它的长期进化过程中，兽类几乎占据了地球上陆地、天空、海洋所有的空间，并使它们在形态、生理、行为等方面产生了很大差异，衍生出许多特化的种类。

　　在此会向各位读者介绍神秘的兽类世界，感受它们的生存技能和生活特性。

Contents
目 录

熊的家族

动物王国的猎手

DONGWU WANGGUO DE LIESHOU

在神秘的动物王国里，天生凶猛强大的狮、虎、狼、豹无疑是丛林里的王者。它们身体矫健，动作灵活，奔跑速度快，是敏捷的猎手，主宰着其他动物性命，一出生就注定一生与杀戮流血、死亡相伴。

狮虎豹同属于猫科动物。号称"百兽之王"的狮子主要生活在非洲草原上，狮群中的狩猎工作基本由女性成员合作完成。"森林之王"的老虎和敏捷的豹，向来都是独来独往。

同时，这些猎手的生态功能不容小觑，它们吃草食动物，可以清除草食动物中老弱病残个体，强壮种群。我们经常谈到的，如果有食肉动物存在，这些草食动物无论吃食还是休息，都保持着非常警觉的状态。

万兽之王——狮

狮子曾广泛分布于欧洲和中亚，北美洲也曾有这种动物出没。现在世界上的狮子分为非洲狮和亚洲狮两种，只产于东非、西非、南非、西南非、印度和伊朗等地。印度的狮子数量已很少，只有几百只生活在印度吉尔森林中，被列为世界濒危动物之一。

狮子的体型、大小都与虎相似。雄狮体长约 1.7～2.5 米，尾长约 0.9～

狮多数雄师的鬃毛都相当浓密

1.05 米，体重 130～230 千克，雌狮较小。狮子四肢粗短，头部较大，一对又圆又小的耳朵直立在头上，眼睛较小，但很有神，露着凶光，触须、胡子为白色。体毛短密、柔软，呈棕黄色或暗褐色，雄狮头顶、颈部、肩部生有长长的鬃毛，雌狮没有鬃毛，雄、雌狮的尾端都有黑色的球状束毛。幼狮身上长有灰色斑点，背部中央有一条白色花纹，半岁后斑点和白色花纹逐渐消失。

雄狮的最显著特征是它的鬃毛。多数雄师的鬃毛都相当浓密，乱蓬蓬地覆盖在头部的后面、颈部、肩部，甚至覆盖到咽喉、胸部直到腹部。雄狮的鬃毛从浅金色到深黑色不等，有的狮子的鬃毛长达 30.5 厘米。雄狮的鬃毛对母狮来说具有无法抵抗的吸引力，是雄狮吸引雌狮的"武器"。鬃毛长而黑的雄狮会更容易获得雌狮的好感，它们常常在争斗中获胜。在狮子王国里，长而黑的鬃毛意味着生理健康，因为雄狮的鬃毛越黑，它血液中雄性激素的含量就越高。

当雄狮与其他狮子搏斗时，它的鬃毛还可保护它的脖子不受伤害，而且更重要的是，鬃毛也象征着雄狮的权力。华丽的鬃毛、雄壮的身躯以及巨大的牙齿，是雄狮统治狮子王国的三大武器。但是雄狮的鬃毛也给它带来了不少麻烦。在捕猎时它使雄狮容易暴露自己，在炎热的夏天，鬃毛也不易于散发体内的热量。

狮子喜欢结群生活，是惟一群居的猫科动物。每群 5～30 只

华丽的鬃毛、雄壮的身躯以及巨大的
牙齿，是雄狮统治狮子王国的三大武器

不等，由一个家族或几个家族组成，它们没有固定的地盘，被食物牵引着而过着"流浪"的生活。

狮群中有 1~6 只雄狮，其余的是具有亲缘关系的雌狮和幼狮，雌狮是狮群的核心。成年雄狮往往并不和狮群待在一起，它们在领地四周游走，担任保卫领地的任务。

小雄狮长大后，通常必须离开狮群，自行寻找缺少雄狮

狮子喜欢结群生活，是惟一群居的猫科动物

的雌狮狮群，组成自己的狮群。多数小雌狮长大后留在原来的狮群里，个别的被赶走然后加入别的狮群。平时整个狮群三三两两地整天坐着休息，几乎什么都不做。当捕捉猎物或进餐时它们又汇聚到一起。

狮子会采取集体围猎的方式捕捉猎物

狮子生活在开阔的疏林地区或半沙漠的草原地带。它们白天休息，凌晨、黄昏或晚上捕猎。捕猎的任务主要由雌狮担任。狮子奔跑的速度可达 60 千米/时，一跳有 8~12 米远，但狮子身躯庞大，没有长途追击的耐力，奔跑 200 米后速度就慢了下来。因此狮子一般采取伏击的方式捕获猎物。

在狮群中，雄狮可以说是最懒的了。它一天大部分时间都在休息和睡觉。它平时几乎不参加捕食，坐享其成，待在家中享受雌狮捕获的猎物。实在饿极了，它才花 1~2 个小时外出寻找食物。

有时狮子会采取集体围猎的方式捕捉猎物。当几只狮子共同追捕猎物时，它们常常围成一个扇形，把捕猎对象围在中间，切断猎物的逃跑路线。它们

最喜欢在水塘附近伏击猎物。狮子的食物主要有羚羊、斑马，它有时也袭击野猪，偶尔还会吃长颈鹿、野牛、河马和鸵鸟等。

狮子在一年中任何时候都可以繁殖。雌狮怀孕期为3个多月，当幼狮要出生时，雌狮便离开狮群到一个安静的地方去生孩子，通常每胎产2~4只幼狮。

刚出生的幼狮体重只有1~2千克，2周后眼睛才睁开，6周后就能够吃肉了。幼狮的身上有浅灰色的斑点，3个月后将逐渐褪去。幼狮满1岁后，便开始参与捕猎活动。

吼叫声是雄狮用来示威的信号

幼狮在加入狮群生活的前10个星期，是它们的危险期，母狮外出捕猎时，它们常常遭到其他野兽的攻击，而且当狮群搬家时一些幼狮会被抛弃，因此幼狮的死亡率非常高，长大成年的数目不足1/2。

在所有动物的吼叫声中，狮子的吼叫声可能是最响亮、也最吓人的了。吼叫声是雄狮用来示威的信号。雄狮常常伸长着脖子，然后头向上，猛烈吼叫一番，以此警告入侵者："这是我的领土！你们休想踏入一步！"狮子的咆哮声非常洪亮，如同雷鸣，可以传到8000米以外，这种特有的叫声一般发生在黎明和傍晚。

生物学家们认为，狮子的咆哮声是非洲野外最惊心动魄的声音，人们在黑夜中听到狮吼声，常常会惊出一身冷汗，胆小的可能还会因此大病一场。

在西方，狮子向来有"兽中之王"之称；而在中国，老虎则被称为"兽中之王"。狮子和老虎到底谁更厉害？由于狮子、老虎不在同一地域环境中生活，因此很少有机会相遇，决一高低。从外表看来，两者在体重、身长、凶猛程度上不相上下，狮吼虎啸各有千秋。不过多数专家认为，如果个子差不多的狮子和老虎单个决斗，老虎更厉害。

国外曾做过一项试验：让体重各250千克的雄性狮子和雄性老虎进行搏

斗比赛。饲养员赛前将狮子、老虎各饿上 2 天，然后将它们关进一个中间放有一盆血淋淋牛肉的笼子中，于是一场不可避免的搏斗出现了。起初，由于狮子身大力猛，老虎吃了点亏，但后来老虎的耐力以及后腿的力量显示出来，渐渐占据上风。最后，老虎猛地咬住狮子的鬃毛，奋力一摔，竟将狮子甩出 20 多米远，狮子受伤倒地，呻吟不已，无法再斗，老虎此时也已筋疲力尽，难以咬死狮子。

在西方，狮子向来有兽中之王之称

非洲狮

非洲狮广泛分布在非洲撒哈拉沙漠以南的草原上。人们常说的"兽中之王"，就是指非洲狮。它黄褐色的皮毛同天然背景浑然一体，因此，即使在白天如果不仔细辨认也很难发现它。

非洲狮性情凶猛，喜欢结群生活，一般在黎明、黄昏或晚上捕猎，捕猎任务大多数由雌狮负担。它们一年四季都可繁殖，一胎产 3～4 崽，幼狮的成活率非常低。目前非洲狮正处于濒临灭绝的境地。

非洲狮性情凶猛，喜欢结群生活

亚洲狮

亚洲狮又叫印度狮，仅产于印度西部，是惟一生活在非洲以外的狮子。亚洲狮的身材比非洲狮要小一些，体长 1.2 ~ 1.7 米，体重 100 ~ 200 千克。亚洲狮的雄狮不但脖子长有长长的鬃毛，而且在它的前肢肘部也有少量长毛，

亚洲狮的身材比非洲狮要小一些

并且它尾巴尖上的球状毛也较大。

亚洲狮也喜欢结群生活，也常集体捕食，并且大多是由母狮捕食，公狮坐享其成。亚洲狮雌性 2 岁半性成熟，雄性需 4 年。雌狮每胎产 2 ~ 3 只幼狮，但幼狮死亡率较高。

野生的亚洲狮已经全部灭绝，目前在印度西部的吉尔森林中还生活着 200 多只处于人工保护状态下的亚洲狮。

白　狮

白狮是非洲狮的变种，产于非洲。白狮 20 世纪首次在南非被人发现，目前世界的数量在 100 只以内。中国国内的白狮有些只是白狮与普通狮子交配生下的后代，体毛不是纯白，而是带有杂黄。白狮并非患有白化病的动物，它们的眼睛一般是浅蓝色的。有科学家研究表明，白狮可能是一种远古的品种，生活在北极等较为寒冷、被冰雪覆盖的野生环境中，白色是当时生活环境较为有利的保护色，后经生物演化，这一物种逐渐消失，但白色毛色的基因仍存在于现今少数黄色非洲狮的体内，所以最初在南非发现的白狮幼儿的父母都是普通黄色毛色的非洲狮，后经人为饲养繁

白　狮

育，形成了现今的白狮家族。但南非野外，仍不时有黄狮生下白狮幼儿的报告。可见白狮是非洲狮基因遗传变异的结果，但变异原因尚不明。由于它们的毛色在野外环境中较为显眼，隐蔽性差，致使捕食成功率低，生存较为艰难。至今为止虽然也有关于黑狮的报道，但没有任何证据。

 **知识点**

白狮与常见非洲狮的异同

同：因为是非洲狮的基因变异后代，所以生活习惯基本相同；个体大小、发育程度一致；雄狮成年后会长出长鬃毛，而雌狮没有；叫声无明显差别。

异：首先是毛色差别，白狮毛色为白色无其他杂色，非洲狮毛色多为棕黄色、土黄色，成年雄狮的鬃毛夹杂有黑色。其次是眸色差别，白狮眸色多为浅蓝色，非洲狮眸色多为黄色。最后是鼻子颜色，白狮的鼻头是浅粉色的，非洲狮鼻头是深肉色。

威猛凶残——虎

虎属于哺乳纲食肉目猫科动物，是体型最大的猫科动物。它体长 1.2 ~ 3.5 米，尾长 0.75 ~ 1.5 米，体重 100 ~ 340 千克，已记录的最大的虎体长达 4 米，重达 350 千克。

虎的体色比较特殊，除了不常见的白虎外，虎的体背和四肢外侧的底色为橙黄色，腹部及四肢内侧为白色，背部布满了黑色的横纹。虎身体粗壮，头部较圆，额头上有一"王"字，一双小耳朵竖立在额头上，眼小鼻长，两眼周围、上部和两颊为白

虎身体粗壮，头部较圆，额头上有一"王"字

虎在傍晚和黎明最为活跃

色，脖子又短又粗，嘴巴很大，上嘴唇生有胡须，牙齿尖利，犬齿特别发达，四肢粗短有力，爪子尖硬，尾巴细长，上面也有黑色的横纹。乍一看去，虎的身上像是穿了一件迷彩服似的，这有利于它保护自己，更方便它捕捉猎物。

虎是肉食性动物，主要捕食鹿、麝、野兔、狼、熊、羚羊和野猪等动物，有时也捕食青蛙、小鸟等一类小动物。虎为典型的夜行动物，在傍晚和黎明最为活跃，白天躺在草丛中睡觉。虎行动谨慎，听觉、嗅觉敏锐，脚上生有很厚的肉垫，行走时像猫一样轻手轻脚，不发出一点声响。

一旦发现猎物，虎便先伏下身体，在草丛中尽量爬着行进，一直潜行到离猎物只有几米远时，才突然猛扑过去，用它的尖利的牙齿和锐利的前爪将猎物置于死地。偷袭和猛扑是虎在野外善用的狩猎手段，虎短距离奔跑的速度非常快，但是这种速度无法维持长久。虎跳跃能力强，一跳可达 5～7 米远、2 米高。虎每次食肉量为 17～27 千克，体型大的虎每顿能吃 35 千克肉，吃饱的虎可以连续几天不进食。虎生性谨慎，小心多疑，一旦发现走过的道路有异样，它宁肯绕行也绝不冒险。

虎虽然四只脚上长有利爪，却不会爬树，这大概是因为它的身体太重

虎虽然四只脚上长有利爪，却不会爬树

了。然而虎善于游泳，是天生的游泳健将，它强健的体力能使它在水中游过相当长的距离。

虎经常渡过河流、小溪游到对岸，有时在湖边、河边捕捉猎物，特别是在夏季，虎常去溪水或河中浸泡洗澡，图个凉爽。因为虎缺少汗腺，在阴影中乘凉解决不了问题，所以虎从不远离水源。十分有趣的是，尽管虎善于游泳，但它在下水前，往往会小心翼翼地用前爪试探水面，就像一只大猫。

在寒冷的冬季，虎怎样抵御严寒呢？令人称奇的是，虎为了生存需要，"发明"了一套抵御严寒的好办法。当它感到寒冷时，就会来来回回地奔跑，而且注意力非常集中，就算身边跑来兔子也不看一眼，直到跑得身子暖烘烘的才停止。

虎常常栖息于山林、灌木与野草丛生的地方，喜欢单独活动，没有固定的巢穴，但有一定的活动范围，所占地盘一

尽管虎善于游泳，但它在下水前，
往往会小心翼翼地用前爪试探水面

般为 65～650 平方千米。雄虎各自为政，占山为王，不让别的雄虎闯入自己的领地，但却允许雌虎在它的领地里活动，它的领地里通常生活着几只雌虎。

老虎一向过着独身生活，只在繁殖交配时才走到一起。虎一年四季几乎每月都能发情，在冬末春初和夏末秋初两个时期内表现最为明显。发情期间，虎的叫声特别响亮，能传到 2 千米远处，以吸引异性。雌虎每隔 1～2 年繁殖一次，怀孕期为 105 天左右，每胎产 1～5 崽。幼虎出生时正逢既不太冷又不太热的季节，这样幼虎容易成活。幼虎刚出生时重 0.5～1 千克，10 天左右眼睛睁开，约 20 天长牙，一个月时能吃肉，2 岁时幼虎同母虎分开，独立生活。虎的寿命可达 20～25 年。

东北虎

东北虎又名西伯利亚虎、满洲虎，分布于俄罗斯的西伯利亚、中国东北

小兴安岭和长白山一带，在我国是一级保护动物。东北虎是体型最大的虎，平均体长为 1.8～2.8 米，尾长为 0.9 米，体重为 227～272 千克，最大的记录体长为 3.3 米，体重超过 300 千克。东北虎体毛的橘黄色比其他种的虎要淡一些，它身上的条纹不是黑色而是棕色，条纹的间隔比较宽。它的胸部与腹部都为白色，颈部环绕着一圈白色的毛。

东北虎体毛的橘黄色比其他种的虎要淡一些

东北虎生活在森林、灌木丛和野草丛生的地带，它主要的食物是麋鹿和野猪，其次是小型哺乳动物和鸟。在陆地上的食肉类动物中，东北虎的猎杀能力难逢敌手。它肩部和背部的肌肉极为发达，四肢粗壮；强有力的颌部支持着长达 7 厘米的犬齿，很少有猎物能逃脱这对绝杀利器；它巨大的虎爪令人望而生畏，据一些富有经验的驯兽师讲，即使被虎爪轻轻一扫，也可能带来最严重的后果。

东北虎生活在森林、灌木丛和野草丛生的地带

华南虎

华南虎是我国特有的虎种，生活在我国东南、西南、华南各省。华南虎体型比东北虎小，雄虎体长约 2.5 米，体重约 150 千克；雌虎更小，长约 2.3

米，体重 110 千克左右。它毛皮上的条纹既短又窄，与孟加拉虎和东北虎比起来，条纹之间的间距较大。

华南虎是所有种类的老虎中最为濒临灭绝的一种，目前野生的华南虎仅 30 只左右。1996 年国际自然与自然资源保护联盟将华南虎列为极度濒危的十大物种之一。

华南虎是我国特有的虎种

孟加拉虎

孟加拉虎主要生活在印度，也有一些分布在尼泊尔、孟加拉、不丹等国，我国的西藏也有孟加拉虎出没。雄性孟加拉虎平均身长为 2.9 米，体重约 220 千克；雌性比雄性小，大约 2.5 米长、140 千克重。孟加拉虎的毛色和体型介于东北虎与华南虎之间，毛色比东北虎深，比华南虎淡，体毛比华南虎更短，黑纹细长而清晰。它另一个显著的特点是尾巴很细。

孟加拉虎的生活范围很广，从喜马拉雅山针叶林到印度的湿地、印度北

孟加拉虎一个显著的特点是尾巴很细

孟加拉虎

部苍翠的雨林和干燥的树林都能见到它们的踪影。孟加拉虎的猎物主要是野鹿和野牛。它们的领土范围雌性为 10 ~ 39 平方千米，雄性为 30 ~ 105 平方千米。孟加拉虎在现存的各种虎中数量最多，野生的孟加拉虎大约有 3000 ~ 5000 头。

孟加拉虎还有一种变种虎——白虎。它的体色与普通老虎不同，为白色，条纹为深褐色或黑色，眼睛为天蓝色。白虎性情比较温和，体态优美，被誉为"小姐虎"。野生白虎主要分布在印度的雷韦地区，但非常罕见，几乎见不到。

目前，全世界大约有 200 只左右白虎，主要生存在美国、印度、英国和中国等少数几个国家，而且都是人工饲养的。

印支虎

印支虎全称为印度支那虎，又名东南亚虎，分布在泰国、柬埔寨、老挝、越南和马来西亚和中国云南南部。印支虎比孟加拉虎小，雄性平均体长为 2.7 米，体重约 180 千克。雌性印支虎更小，估计身长大约为 2.4 米，体重接近 115 千克。印支虎体毛比华南虎短，身体颜色比华南虎浅，但比孟加拉虎深，黑色条纹又短又窄。印支虎的食物是野猪、野鹿和野牛。这种虎的地盘大小并不是太清楚，不过在理想的栖息地中一般是每 100 平方千米有 4 ~ 5 只成虎。

印支虎生活在偏僻的山地和山区的森林中，这些地区往往在两个国家的边境交界处。进入这些地区是受限制的，只有生物学家才被允许进入考察。结果人们对于这一地区野生虎的生存状况

印支虎又名东南亚虎

了解得比较少。目前大约有800～2000只野生的印支虎，还有大约60只生活在亚洲和美洲的动物园中。

苏门答腊虎

苏门答腊虎仅生活在印度尼西亚的苏门答腊，是所有种类的虎中最小的一种。雄虎身长平均为2.4米，体重约120千克；雌虎身长约2.2米，体重约90千克。苏门答腊虎的两颊长有白色的长毛，其毛皮颜色是所有老虎中最暗的，它身上的黑色条纹非常宽阔，条纹之间的间隔很小，而且条纹常是一对对排列的。与西伯利亚虎不同，苏门答腊虎的前腿有条纹。

苏门答腊虎的食物是野猪、野鹿。这种虎具体的地盘大小不太清楚，最理想的平原雨林每100平方千米有苏门答腊虎4～5只。目前野生的苏门答腊虎仅有400～500只，主要分布在印度尼西亚的5个国立公园里。

苏门答腊虎的两颊长有白色的长毛

里海虎

里海虎是大型的食肉动物，又名波斯虎，是虎的一个亚种，曾分布在伊朗、伊拉克、阿富汗、土耳其、蒙古及俄罗斯境内，身体长而强壮。在9个已知虎的亚种里，里海虎的体型是第三大的，仅次于东北虎和孟加拉虎。雄性和雌性一般单独猎捕和进食。夜间活跃，但在白天也活动。一般以大型有蹄哺乳动物为食，比如鹿、母牛等。里海虎一般3～4岁即发育到性成熟。雌虎一次产崽一般3

里海虎

至 4 只，一般情况下存活下来的不超过 2 只，死掉的和瘦弱的虎崽会被雌虎吃掉。

里海虎生活在森林，野猪和其他蹄类动物丰富的区域，红树林沼泽地和近水的灌木区。

里海虎喜欢独居，雄性和雌性一般单独猎捕和进食。夜间活跃，但在白天也活动。里海虎是一种强壮、活跃、凶猛而安静的动物，捕猎方式采取近距离的突袭，在扑向猎物之前会尽量接近猎物。它一般咬断猎物的颈椎骨和头骨使猎物迅速致死。

灭绝的虎

巴厘虎

巴厘虎生活在印度尼西亚的巴厘岛，是身上条纹最多最密的一种虎，条纹细密多达 100 条以上，最后一只巴厘虎据报道是在 1937 年被猎杀的，已经灭绝。

爪哇虎

爪哇虎生活在印度尼西亚的爪哇岛，最后一只目击者报导是在 1979 年，据说已经灭绝。

马来亚虎

马来亚虎，分布在马来半岛南部的马来西亚与泰国境内，是 2004 年新确认的老虎亚种。最近统计显示约有 600 ～ 800 只野生马来亚虎存在，这使其成为继孟加拉虎和印度支那虎之后第三大的老虎亚种，但依然属于濒危物种。

勇敢狡黠——狼

奔跑速度快过野马，在雪地里一口气能飞奔 35 千米不停息，距离 2 千米就能嗅到被捕猎动物的味道。这不是凭空捏造的传说，而是动物界真实存在的超级杀手——狼的写照。

狼的体型特征因生存环境的不同而差异较大。生活在北方地区的狼个头大，皮毛较厚，体重可达 60 千克；生活在南方地区的狼本型相对要小得多，体重一般不超过 30 千克；生活在中东地区的狼体重甚至只有 14 千克左右。包括尾巴在内，狼的体长大约 1.4 ~ 2 米。狼站立时肩高平均 65 ~ 95 厘米。

北美黑狼

生活在南方地区的狼习惯单独活动，不群居；生活在北方地区的狼在猎物丰富的夏秋季节单独活动，冬季时集群活动，合作出猎。狼虽然凶残，但同类间却很少自相残杀。狼的食量很大，一次能吞吃十几千克的肉。

狼虽然凶残，但同类间却很少自相残杀

生活在北方的狼会组成狼群共同生活。狼群通常包括一对成年狼和它们的后代，大的狼群还可能包括它们的亲族。狼群一般会随着小狼崽的出生和成长而逐年扩大。狼家庭组建的第二年，狼群便会有 6 ~ 9 个成员了，狼崽在狼群中一直呆到长大成狼。

狼崽长大后会离开狼群去寻找自己的伴侣，然后组成新的家族，发展新的狼群。这样，一个狼群就不会变得太大。在食物充足的时候，有些成熟的狼崽也会在狼群中一直生活下去。然而，一旦出现猎物短缺的情况，年轻的狼崽就会离开家庭自谋生路。

狼群不仅能做到计划生育，而且还能做到优生优育。在一个典型的狼群中，总是通过激烈的竞争推选出一只最为强壮的雄狼为狼王。在狼群中，只有狼王才有权与占有

狼善于长距离追逐猎物

狼还善于跟踪猎物

优势的雌狼进行交配繁殖，而其他有生育能力的雌狼和雄狼都无权交配。

狼群采取这种优生优育的办法，限制了过多的繁殖，从而保障了有限的食物来源，而不至于狼群挨饿或自相残食以至造成种族的灭亡。再者，参加交配的雄狼和雌狼都是狼群中"佼佼者"，这就保证了后代的"优选性"，做到了一代更比一代强。

从秋天、冬天到早春时节，狼群都是集体活动、捕猎，并随着猎物活动环境的变化而不断开拓新的领地。

晚春季节，小狼崽出生以后，狼群的集体活动开始发生变化。狼群的活动开始以它们的窝为中心固定下来，尽管成年狼可能跑到离家很远的地方去捕食。这时，天气暖和，在野外活动的小动物很多，狼群便分散开来采取单独行动。尽管这样，单个的狼也能轻而易举地捕捉到猎物，解决狼群包括狼崽在内的生计问题。如果狼在外感到孤独了，它们可以随时回到窝里享受家庭的天伦之乐。

仰天长啸

狼的怀孕期一般为63天。生活在北方的狼一般在4月末或5月初分娩，而生活在南方的狼却在3月中旬之前分娩。狼一般每胎可生5～6只，最多的可生11只。刚出生的狼崽全身深褐色或蓝灰色，并长满短毛，重3～4千克，长25～33厘米。刚降生的小狼崽既看不见东西也听不到声音。这段时间，狼崽全靠狼妈妈喂食和取暖。

狼妈妈每天用反吐的食物来喂养狼崽，所有的狼都会很喜欢这些小狼，大家轮流喂它们，和它们一起玩耍。看到成年狼捕食回来，小狼崽们便会跑过去舔它们的脸和嘴，意思是要吃的。幼狼的行为会刺激成年狼的反吐活动。

在狼崽出生的几个星期内，狼群集体的照料和关怀一直伴随着幼崽的成长。成年狼会自觉地为小狼崽和狼妈妈寻找食

亲密无间

物，会在狼妈妈外出捕食时帮助照看小狼崽……总之，养育和照顾幼狼是所有狼群成员的责任和义务，它们都会自觉地参与这项工作。

狼妈妈和幼崽

狼是典型的食肉动物，尽管在迫不得已时也吃草、果子甚至蘑菇，但肉还是它们最理想的食物。为了生存，它们必须捕猎其他动物。狼不仅捕猎兔子、老鼠等小动物，更喜欢捕猎鹿、驯鹿、驼鹿等庞大的猎物，以保证在长时间内享有食物。在夏季，狼的食物98%都是比河狸还要大的猎物。在冬季，狼的食物中大猎物所占的比例则更高。

狼主要以有蹄类动物或有蹄哺乳类动物为捕猎对象。狼的食物的种类还与狼的生存环境有关。生活在北方的狼不仅捕食驼鹿、驯鹿和麋鹿，有时也能捕到野牛等剽悍体壮的大个头猎物，但通常是老、弱、病、幼的动物，因为这些动物更容易捕捉到。聪明的狼群经常长途奔袭寻捕大型猎物中的弱者。同时，狼也捕食河鲤、豪猪、野兔、兔子、蛇，以及鸭子、松鹅等动物。

狼有时疲于奔命而往往空腹而归

狼的一生是坎坷艰辛的一生。为了生存，狼必须经常与同类和其他食肉动物争夺食物和领地。捕猎是危险的，有时疲于奔命而往往空腹而归，一无所获。狼的捕猎成功率只有7% ～10%。

捕猎成功后，已经筋疲力尽的狼还必须警惕想不劳而获的动物的袭击。这些动物还会经常趁成狼不备袭击、捕杀狼崽。总之，狼必须时刻警惕来自不同方面的侵袭。

狼在追捕猎物时也常常会有被猎物踢死、踩伤的危险。尤其在追捕比它们强大的猎物时，情况更是这样。有时，狼还要泅水过河追逐猎物，这样就常有被急流吞没淹死的危险。另外，在猎物稀少的季节，狼也可能被饿死。同时，自然灾害也会给狼群造成灭顶之灾。

狼为了捍卫自己的领地和信念，无论何时何时，无论环境多么困难和艰苦，它们也不肯向人们俯首称臣。在动物园里的铁笼中，狼不像那些外表华丽、身躯魁梧的狮、虎、豹之类只会无精打采地蜷缩在铁笼一角，昔日称霸山林的威风已丝毫不见；更不像素有"大力士"之称的熊，只会用无穷的力气向游人作揖打拱，为了乞讨一点可怜巴巴的零食。

在动物园里铁笼中的狼显得无精打采

狼总是双目低垂，神情坦然，不发怒，不倦怠，不虚张声势地吼叫，不会绝望地昏睡，更不屑于低三下四向人们乞讨食物。它那富有弹性的脚步和充满活力的肌肉总是透露出鲜明的节奏感；它在笼子里不停地来回走动，不

卑不亢，无休无止。这使人感到，狼的信念始终不灭，它时刻在准备着破笼而出，有一种不返山林誓不罢休的精神和决心。

狼，虽不是高级动物，但却是很优秀的动物之一。它之所以能屹立于动物界的大家庭中，是因为它们具有许多其他动物不具备的优良品性和精神。

狼是一种群居动物，它们不同于虎和豹等猛兽单打独斗

狼总是双目低垂，神情坦然

的捕猎方式，捕猎是靠集体的力量。狼群在捕猎时，既有明确的分工，又有密切的协作，齐心协力用集体的力量战胜比自己强大得多的对手。

狼是一种群居动物，捕猎是靠集体的力量

许多动物并不怕单独行动的狼，单独行动的狼也往往会成为其他大型食肉动物的美餐。但是一群狼，一群有着团队精神、严密组织与配合默契的狼群，足以让狮、虎、豹、熊等猛兽胆战心惊。

为了协同作战，狼群有着严明的组织和具体的分工。捕猎时，分工明确，步调一致。同时，狼群又有严格的等级划分，低级的必须无条件地服从上级，以保证行动统一，最终完成捕获猎物的任务。

物竞天择，适者生存。狼好像非常明白大自然的生存原则。为了在残酷的动物界生存下来，富有进取精神的狼从不守株待兔，而是认真主动地观察和寻找目标和猎物，主动攻击一切可以攻击和捕获的对象。

狼群在捕猎时会遇到猎物的拼死抵抗，一些大型猎物甚至还会伤及狼的

试探河水深浅

生命。但只要锁定了猎物，不管奔袭多远的路程，耗费多大的体力，冒多大的风险，狼群是不会放弃的，不捕获猎物誓不罢休，永不言败。

敏锐的嗅觉使狼更善于抓住捕捉机会。狼在活动中时刻都保持着高度的警惕，非常注意观察自己周围的环境变化，留意任何一个在视线范围内出现的对手和猎物，绝不放过任何一次进攻的机会。在各种恶劣环境和条件下，狼群总是能捕捉到猎物，表现出超强的生命力和适应力。

狼从不守株待兔，而是认真主动地观察和寻找目标和猎物

知识点

狼与狗的"血缘关系"

狗是人类日常生活中常出现的宠物，而狗实际上是被驯化了的狼的后代。狗的祖先是东亚的狼。

科学家在对来自于欧洲、亚洲、非洲和北美洲的上百只狗进行 DNA 分析后发现，世界上所有的狗的基因都有着相似的基因序列，因此他们得出结论，世界上所有的家狗都是在大约 1.5 万年前，从东亚狼进化而来的。这些狗的祖先和美洲最早的定居者通过白令海峡，一起穿越亚洲和欧洲到达美洲的。

目前现存纯种狗中，有三种犬与狼的血统最为接近分别是：西伯利亚雪橇犬、捷克狼犬、萨尔路斯狼犬。

北极狼

北极狼一般生活在北极地区的森林里，分布在从加拿大的拉布拉多地区到英国的哥伦比亚地区。北极狼的外表很像一只有绅士风度的狗。北极狼有着一层厚厚的体毛，从体色上区分，有红色、灰色、白色和黑色之别。

北极狼主要捕吃驼鹿、北极熊、兔子、旅鼠、海象和鱼类，有时也进攻人类和其他动物。它们的牙齿非常尖利，这有助于它们捕杀猎物。其他种类的狼和人类是北极狼的天敌。

在北极的食肉动物中，北极狼虽然比北极狐大不了多少，而且彼此是亲戚，但它们捕食的目标却大不相同。北极狼虽然对送到嘴边的旅鼠和田鼠之类的小动物也不肯放过，但它们的主要猎

北极狼的外表很像一只有绅士风度的狗

物还是驯鹿和麝牛之类的大目标。这是由它们的群居生活方式决定的，因为狼群总是集体捕猎，共同分享猎物，如果追捕了半天只得到一只兔子，分配之后还不够每只狼塞牙缝，更不能满足饥肠辘辘的狼群需要。

捕猎时，狼王总是担当组织和指挥作用。它会先选择一只弱小或年老的驯鹿或麝牛作为猎取目标，然后指挥狼群从不同方向慢慢接近进行包抄，一旦时机成熟，便突然发起进攻；如果猎物企图逃跑，狼群便会穷追不舍。在追捕过程中，聪明的狼群，往往分成几个梯队轮流作战，直到捕获成功。

北极狼通常是 5～10 只组成一群。在这个群体中，往往在雄狼中经过激

北极狼通常是 5～10 只组成一群

烈的竞争产生狼王，其他雄狼被依次分成等级；一只最为强壮的雌狼为狼后，其他雌狼也是按等级进行划分。

狼王是狼群的首领和守护神，狼后对所有的雌性及大多数雄性也是有权威的，它可以控制群体中所有的雌狼。狼王和狼后以及亚优势的雄狼和雌狼构成群体的中心，其余的狼不论雌、雄，都被保持在核心之外。

狼王实际是典型的独裁者。捕到猎物时狼王必须先吃，然后再按社群等级依次排列。狼王可以享有所有的雌狼，不过，狼后不知是醋意大发还是为种群的未来着想，它会阻止狼王与别的雌狼交配，并且狼后几乎也能很成功地阻止亚优势级的雌狼与其他雄狼交配。这样，交配与繁殖一般在狼王和狼后这两个最强的个体之间进行，这就是北极狼群的优生优育。

北极狼每窝产 5～7 只，特殊情况下可达 10～13 只。狼崽出生后，北极狼会无微不至地关怀自己的孩子。狼崽出生后的前 13 天眼睛还不能睁开，小狼紧紧地挤在一起，安静地躺在窝中。母狼在这个时期几乎寸步不离狼崽，如偶尔外出时间也非常短暂，然后迅速返回洞穴细心照料小狼。

北极狼机警、敏捷

狼崽成长到一个月，母狼便开始用咀嚼过的，甚至经吞食后又吐出来的反刍食物喂养小狼，让它们习惯以肉为食的生活。经过 35～45 天的哺乳期，母狼便会给小狼不同的食物，先是尸体，然后是半死不活的猎物，目的是让小狼逐渐学会捕食本领。

在养育狼崽的过程中，狼群中的其他成员也会无怨无悔参与喂养、照顾小狼的工作。

随着北极狼幼崽的成长，它们逐渐担任起捕猎和防卫等任务，如果遇到其他狼群的攻击，它们会以死抗争，绝不屈服。在这些活动中，狼崽得到了锻炼并迅速成长起来。

约 2 岁时，小狼便开始达到性成熟。雌狼一般要到 3 ~ 4

小狼在锻炼中成长

岁才开始第一次交配，而雄狼这时已长得非常强壮，开始觊觎狼王的位置，并有意识地向狼王挑衅。一旦机会成熟便会向狼王提出强有力的挑战，成功者则会成为新的统治者。

灰 狼

灰狼的体型在同科中较大，红狼体型比它小，生活的区域也比它小得多。灰狼体格强健，北方的雄灰狼身长可以达到 2 米，包括 50 厘米长的尾巴。重量有 20 ~ 80 千克。雌性受北美印第安人的尊敬。除了热带森林和干燥的沙漠以外，在各种生态环境中都可以找到它们的足迹。灰狼的种群数量从几个到二三十个都有，通常由一对夫妻和它们的子女家庭成员组成。

它们的家庭观念很强，只有为首的公狼和母狼才能配对。一个群体的地盘有一百到几百平方公里那么大，而且决不容外来侵犯。灰狼的体重和体型大小各地区不一，一般有随纬度的增加而成正比增加的趋势。一般来说，肩高 66 ~ 92 厘米，体重 32 ~ 62 千克。

灰狼是凶猛的食肉动物，凶悍残忍，但通常 2 ~ 15 只结伴为伍，才能够统治野生世界。灰狼偶尔也会单独觅食，一旦发现了猎物，就会扯开嗓子嚎叫不止，召唤其他的同伴，以便群起而攻之。

每年 1 月到 4 月是灰狼的繁殖期。妊娠期是 63 天，一胎可产 6 ~ 7 只。生下以后受到群体成员的共同照顾吃父母打猎回来的反刍食物。等到性成熟以后（不到两年），它们就得离开，出去寻找自己的伴侣，建立自己的领地。狼

的怀孕期为 61 天左右。低海拔的狼一月交配，高海拔则在四月交配。小狼两周后睁眼，五周后断奶，八周后被带到狼群聚集处。

除了人类以外，灰狼可以说是在地球上分布最广的哺乳动物了。它原先的栖息地包括从阿拉斯加和加拿大到墨西哥的整个北美洲、整个欧洲、亚洲到地中海、阿拉伯半岛，以及印度和我国的部分地区。除了热带森林和干燥的沙漠以外，在各种生态环境中都可以找到它们的足迹。

但由于种种原因，灰狼已经从许多原先的栖息地消失，数量也大为减少。在北美，主要存在于阿拉斯加和加拿大。在欧洲是俄罗斯及其领近国家，巴尔干半岛也有一些。欧洲中南部和斯堪的纳维亚的数量则少得多。

阿拉伯狼

阿拉伯狼是狼的一个亚种，曾经广泛分布于阿拉伯半岛，通常群体行动。它们是生态系统原有的一部分，各地不同生态系统的多样性，反映了狼这个物种的适应能力。主要活动在沙漠和山地，具有很好的耐力，适合长途迁移。它们的胸部狭窄，背部与腿强健有力，使它们具备很有效率的机动能力。它们能以约 10 公里的时速走十几公里，追逐猎物时速度能提高到接近每小时 65 公里，冲刺时每一步的距离可以长达 5 米。由于它们会捕食羊等家畜，因此直到 20 世纪末期前都被人类大量捕杀。

阿拉伯狼是狼最小的亚种，身高约 66 厘米，平均重 18 千克。阿拉伯狼的身型细长，适合于沙漠里生活。它们的耳朵比其他的亚种大，目的是适应沙漠的高温，并协助它们有较好的散热效果。它们不会以大群体的形式进行活动，而是在捕猎的时候，则会以三四只狼去行动。由于这亚种较为罕有，所以人类还未发现它们的嚎叫声。在夏天的时候，它们会长出些短而稀薄的毛，但有些背后的部分可能还留下一少部分较长的毛，这被科学家认为这是为了适应太阳的辐射而有这样的表现；虽然不及其他北方的亚种长，但在冬天的时候其皮毛会跟夏天的相反，变成比较长的皮毛。跟其他亚种一样，它们的眼睛部分都是黄色的；这是由于它们的祖先有些是跟野狗杂交，所以其眼睛的眼色为棕色。

阿拉伯狼会袭击任何体型在羊以下的家畜。因此，农民会毫不犹豫地去射击、毒害或是对其设陷阱去将其杀死。除了家畜外，它们还会吃兔子，小鹿瞪羚及野生山羊。但通常也吃死动物的腐肉，还吃水果。会在沙滩上挖洞穴，以保护自己不被太阳灼烤。主要是在夜间狩猎。狼群的大小变化很大，常因季节和捕食的情况不同而改变。

繁殖季节通常是每年的 10 月至 12 月，阿拉伯狼是已知的惟一在其领地上产崽的狼。产仔数最高可达 12 只，但通常只有 2 或 3 只。幼狼盲视，出生 8 周左右断奶，父母开始反刍食物喂养小狼。

敏捷矫健——豹

豹是食肉目猫科豹属动物，广泛分布于非洲撒哈拉沙漠以南、北非、中东部分地区、东南亚和远东大部分地区和美洲。世界上的豹有 20 多个亚种，主要有金钱豹、猎豹、云豹、雪豹、美洲豹和黑豹等。中国有 3 个亚种：华南豹、华北豹和东北豹。

豹的体型似虎，但比虎小。它身材细长，额头没有"王"字，除黑豹外，其余的种类全身为橙黄色，身上布满黑色斑纹，雌雄毛色一致。豹生活在山区森林、灌木丛和荒原上，特别喜欢生活在茂密的森林中。它喜欢单独活动，昼伏夜出，没有固定的巢穴，常

豹特别喜欢生活在茂密的森林中

以崖洞或树丛为住处。豹生性机警，善于攀树和跳跃，常常蹲在树枝上守候猎物，当猎物经过时，它便一跃而下擒获猎物。它主要捕食猴子、羚羊、野猪、小型鹿类、野兔、鸟、家畜，有时也攻击人。

豹在冬春季节开始发情交配，雄豹常为争偶相互搏斗。雌豹怀孕期为 3 个月，春夏季产崽，每胎产 2 ~ 4 崽，幼豹 1 年后离开母豹独立生活。豹的寿命约为 10 ~ 20 年。

金钱豹

金钱豹又叫豹、银豹子，生活在非洲和亚洲南部的森林、草丛和山区地

金钱豹的机警、灵敏和勇敢在食肉猛兽中是少见的

带。金钱豹体长在 1 米以上，体重约 50 千克，最大的有 80 千克。金钱豹头圆耳短，四肢强健有力，爪子锐利，棕黄色的体毛上布满黑色斑点和环纹，如同中国古代的铜钱，因此得名"金钱豹"。

金钱豹是一种食性广泛、性情凶猛的大型食肉兽。它视觉和嗅觉灵敏异常，既会游泳，又善于爬树，无论怎样高的树它都能爬上去。它常到树上捕食猿、猴和鸟类，或者潜伏在树杈上一动不动，两眼盯着下面，一旦下面有鹿、野猪或野兔等走过时，它便马上跳到它们的背上，咬杀对方。

金钱豹的机警、灵敏和勇敢在食肉猛兽中是少见的。它不但会袭击像骆驼、长颈鹿那样的食草动物，就连比它大一半的山中之王——猛虎，它也敢主动攻击，此外，它还经常偷食家畜，有时袭击人类，它吃人比老虎更残酷，更难对付。金钱豹白天隐藏在丛林深草之中，日暮时分才出来活动。

金钱豹的毛皮非常美丽，但这也为金钱豹带来了杀身之祸。近年来金钱豹的数量急剧下降，我国已将它列为国家一级保护动物。

金钱豹既会游泳，又善于爬树，
无论怎样高的树它都能爬上去

猎 豹

猎豹主要分布于非洲。猎豹身材细长，体长 1.2～1.3 米，体重约 30 千克，尾长约 76 厘米。它头小而圆，颈部的毛又长又密，身体上部的毛为黄褐

色、灰黄色或赤褐色，腹部和四肢内侧一般为白色，全身布满黑色的小圆斑，尾毛蓬松，背面有斑点，尾尖白色。

猎豹是陆地上跑得最快的动物

在所有的大型猫科动物中，猎豹的腿最长。猎豹是陆地上跑得最快的动物，时速可达 120 千米，而且爆发力惊人，从起跑到最大速度仅需 4 秒，但缺乏耐力，无法长时间追逐猎物。

猎豹的猎物主要是羚羊和小角马等中小型有蹄类。猎豹有 2 种捕猎方法：第一种是装作毫不在意的样子在一群正吃草的羚羊旁边徘徊，但实际上已经选中了其中离羚羊群较远的一只为捕食对象；第二种方法是将身体贴近地面，向猎物匍匐靠近，当靠得足够近时，猎豹就猛地跃起，将猎物扑倒在地，然后咬住猎物喉咙使它窒息而死。猎豹不会上树，它的爪子无法像其他猫科动物那样能随意伸缩，因此它无法和其他大型肉食动物如狮子、土狼等对抗，辛苦捕来的猎物经常被它们抢走。

猎豹爆发力惊人，但缺乏耐力

猎豹平时独居，只是在交配繁殖时雌雄性才走到一起。雌猎豹 17 ~ 20 个月繁殖一次，怀孕期为 90 ~ 95 天，每胎产 1 ~ 8 崽。小猎豹出生的最初 6 个月，母亲把它们隐藏在草丛之中独自抚养。小猎豹出生 3 个月后就断奶了，它们跟在母亲的身后，学习狩猎的本领。约一年半后它们开始独立生活，寿命一般为 12 年。

猎豹捕食常采取看似漫不经心而突然袭击的办法

猎豹：奇怪的近亲现象

一位美国科学家斯蒂芬，曾经研究了很多野生动物的种群结构。他发现世界上现在的猎豹都是一些亲缘关系比较近的个体，就是说这些猎豹，都是有一些亲缘关系比较近的个体、近交产生的后代。由于它们是近交的后代，所以它们这些个体遗传结构都很相似，就是它们的基因构成很相似，起码就像双胞胎一样。这里面就有一个相关的问题，一般来说的话，人们特别希望能够多保存一些遗传多样性，希望一个物种的遗传结果差异更大一些。那像猎豹这样的物种，它遗传结构已经非常小。但是它在野外能够生存下来，目前也没有任何症状。表示这种物种，它没有因为近交在衰退，所以说这是个很奇怪的现象。一般来说的话，认为物种如果是高度近交的个体组成的话，那么它的生存能力是很弱的。

云 豹

云豹分布于东南亚和东亚（包括中国西南、华东、华南）。它的个子比金钱豹和雪豹都小，体长仅 90 多厘米，尾巴长 75 厘米左右，体重一般也只有 20 多千克，最大的也不过 30 千克。云豹全身为淡灰褐色，头部和四肢有黑色斑点和条纹，身体两侧约有 6 个云状的暗色斑纹，非常漂亮，这也是它得名云豹的原因。

云豹生活在丛林里，平时非常安静，即使当你从它们蜷伏的树枝下走过时，你也不知道你的头顶就有云豹。云豹白天休息，夜间活动。它爬树的本领非常强，喜欢在树枝上守候猎物，等小型动物接近时，就从树上跃下捕食。它跳跃能力极强，可从 10 多米高处一跃而下准确捕捉大于自己的动物，在平地一跃可达八九

云豹生活在丛林里，平时非常安静

米高。云豹爪牙锐利，捕食鸟、猴子、松鼠、野兔、小鹿等小动物，有时偷吃鸡、鸭等家禽，但不敢伤害野猪、牛、马，也不会攻击人。

云豹多在冬季发情，发情期为 20～26 天，怀孕期为 86～93 天，一般在春夏季产崽，每胎 2～4 崽，大多一胎 2 崽。

雪 豹

雪豹又称艾叶豹，分布在中亚和中国四川、西藏、青海、新疆等地。雪豹身长 1～1.3 米，尾长 0.8～1 米，重约 40 千克，灰白色的体毛又长又密，遍体布满黑色斑点和黑环。

雪豹号称"雪山之王"，是栖居海拔最高的猫科动物，它终年栖息在海拔 2700～6000 米的雪线附近。雪豹行动敏捷，它的跳跃能力十分惊人，一跳可

雪豹号称"雪山之王"，是栖居海拔最高的猫科动物

达6米高，并且能够跳15米远，是跳得最远的食肉动物之一。

雪豹喜欢单独活动，昼伏夜出，每日清晨及黄昏为其捕食、活动的高峰。其主要猎物有野山羊、盘羊、狍子和旱獭等，有时也袭击牦牛群，追咬掉队的牛犊。雪豹在猎食时不会像豹似的埋伏在树上，它常常会在积雪的悬崖处坐着观望四周。由于高原地带寒冷，所以雪豹体表有厚厚的绒毛，腹部的毛长可达12厘米，它休息时，常常用蓬松的尾巴裹住身体和面部来取暖。

雪豹每年1～3月发情，雌雪豹怀孕期约100天。4～6月产崽，每胎产崽2～5只。幼崽3个月后可随母豹练习捕猎，约1年后独立生活，寿命约10年。雪豹因豹骨和豹皮价格昂贵而遭到人类的过度捕杀，现已濒临灭绝。

美洲豹

美洲豹，西半球最大的猫科动物，又称美洲虎，猫科中的全能冠军。但它既不是虎也不是豹。外形像豹，但比豹大得多，为美洲最大的猫科动物，一般居住于热带雨林，可以捕食鳄鱼等动物，身手十分矫健，美洲豹集合了猫科动物的所有优点，猫科中名副其实的全能冠军，具有虎、狮的力量，又有豹、猫的灵敏，特别是其咬合力和犬齿在猫科中最强，使猎物毙命的效率最高，喜欢直接洞穿猎物的头盖骨是其一大特点。

美洲豹性情比狮虎还要凶猛，河里作战这本不是陆地猛兽的长处，而美洲豹却敢冲入河中捕杀南美鳄。它们广泛分布在南北美洲各处，最北分布至加拿大，最南分布到阿根廷的南部。栖息于森林、丛林、草原。单独行动，白天在树上休息，夜间捕食野猪、水豚及鱼类，善于游泳和攀爬。无明显的繁殖季节，常在春季发情。4 岁性成熟。孕期 100 天左右，每胎 2～4 仔。寿命约 22 年。

聪明的灵长类动物

CONGMING DE LINGCHANGLEI DONGWU

灵长目是哺乳纲的1个目，包括原猴亚目和猿猴亚目，主要分布于世界上的温暖地区。灵长目是目前动物界最高等的类群，狐猴、懒猴、眼镜猴、猕猴、狒狒、猩猩和长臂猿都是此类动物。大脑发达；眼眶朝向前方，眶间距窄；手和脚的趾（指）分开，大拇指灵活，多数能与其他趾（指）对握。

灵长类具备一套独特的感觉器，能够把触觉、味觉、听觉、尤其是色觉和立体视觉感受到的各种信息输入脑中。脑接收外界的信息与日俱增，进而能够把各种信息分类排比，最终产生了智力的发展。这样的智慧，是任何其他动物都没有的，这也就是为什么我们把这类动物叫做"灵长类"的原因。

机灵古怪——猴

猴子的体型由最小的侏儒狨猴长14～16厘米（连尾巴）和重120～140克，到雄性的西非洲产的大狒狒长接近1米和重35千克。猴子有些居住于树上，有些则住在草原上。

猴种类的部分特征差不多，例如很多猴会有缠卷的尾巴，这样当它们爬树时就可以用来抓着树枝，相反旧世界猴就没有缠卷的尾巴，而是有较小的鼻孔，鼻孔之间的距离也较近，部分的背部有硬皮，就像嵌入的座椅靠垫般；部分也像人类有三色的视力；其他则是两色视或单色视。

绝大多数灵长类动物以不同形式的树栖或半树栖生活，只有环尾狐猴、狒狒和叟猴地栖或在多岩石地区生活。通常以小家族群活动，也结大群活动。多数能直立行走，但时间不长。多在白天活动，夜间活动的有指猴、一些大狐猴、夜猴等。大倭狐猴和倭狐猴在干热季节夏眠数日至数周。

猴大多为杂食性、吃植物性或动物性食物。选择食物和取食方法各异，如指猴善于抠食树洞或石隙中的昆虫。猩猩的食量很大，几乎把绝大部分的活动时间用以觅食。疣猴科胃的构造特殊，大部种类吃粗纤维多的植物性食物。

每年繁殖 1 ~ 2 次，每胎 1 仔，少数可多到 3 仔。幼体生长比较缓慢。哺乳期多抓爬在母体胸、腹部或骑在母背上，由母亲带着活动。性成熟的雌性有月经，雄性能在任何时间交配。只有低等猴类，如狐猴、懒猴，指猴具有一定的交配、繁殖季节。

刚出生的猴子总会缠着猴母亲的手或脚，而缠着猴母亲对于幼猴是重要的，因为猴妈妈会用它们的手脚在树上攀爬，因此要缠得好才不至于在攀爬时跌下。猴子有较长的童年，有时长达三年。当它们年幼时，总会跟着它们的母亲。而猴妈妈也会用尾巴抓着幼猴，以免它们迷失或有意外。当猴子长大，开始会和其他同年的猴子玩。透过一起玩，猴子学会如何过群体生活，和一些天然技能，例如攀爬树木。

猴的屁股为什么会变红？

猴子是极喜欢坐的动物，所以屁股常在地上蹭来蹭去，毛被磨掉后皮肤就露出来了。屁股上的皮肤有一部分叫做性皮，有许多血管穿过这里。平时不太显眼，但一到发情期，由于雄性激素增多，血液循环加快，全身皮肤上的血管，特别是性皮上的血管和脸上的血管便清楚地显露出来，屁股呈红色。在这一时期，不但屁股发红，而且脸也发红。据说，这是公猴向母猴发出的求偶信号，母猴见到后也会发情。大型的猴科动物蓑狒，在发情期屁股不但鲜红，而且还发亮。

猕 猴

猴类的种数很多，但人们一提起猴子，首先想到的形象却是猕猴。

猕 猴

猕猴是与我们人类生活关系最为密切的一种猴，在我国几千年的文明史上，不论文学、艺术、戏剧、美术、故事、传说，其中如果涉及猴子，大多数都是以猕猴的形象出现的。特别是在猴年的年画中所表现的那张猕猴的"标准形象"："孤拐面"，凹脸尖嘴，鼻子不大不小，体形、尾长中等，身体不肥不瘦。其他如书中插图、连环画、舞台脸谱等也莫不如此，其中最著名的一个例子当属古典文学名著《西游记》中孙悟空的原型。《西游记》虽然是一部神话小说，但却建立在我国民间文学的基础之上，书中对猴子形象惟妙惟肖地描述，说明我国人民自古就对猕猴的生态作过深刻细致地观察。作者所描写的花果山、水帘洞，不仅是文学上的艺术加工，也是生物学上猕猴栖息地的典型环境，供采食的花果，供嬉戏和避敌的顽石，供饮用、沐浴的溪流，无一不是猕猴生活的真实写照。猕猴的别名也很多，由于最初发现于印度孟加拉省一带的恒河之滨，因此称为恒河猴或孟加拉猴，在我国因为各地动物园所饲养的大多来自广西，毛色棕黄，所以又叫广西猴或黄猴，我国民间则俗称为"猢狲"。由于《西游记》小说中的须菩提祖师给"美猴王"起了

我国民间把猕猴俗称为"猢狲"

孙悟空的大名，所以他的"子孙"们也就有了另一个妇孺皆知的姓氏。

猕猴的体形中等，体态匀称适中，尾巴和四肢均细长，尾巴的长度将近体长的 1/2，手、足上均有 5 指（趾），趾端有短而平的指（趾）甲，拇指（趾）与其他指（趾）可以完美地对握。体长 51～63 厘米，体重 4～12 千克。头顶上没有向四周辐射的"旋毛"，毛从额部往后覆盖；脸部和两耳呈肉红色；头、颈、肩和前背毛色为灰褐色；后背至臀部，后肢外侧前方及尾的基部为棕黄色；腹面呈淡灰色；尾长 20 厘米左右，尾毛蓬松；臀部坐骨处具有鲜红色的角质坐垫，叫做胼胝或臀疣，雌兽的红色更为显

攀爬是猕猴的拿手好戏

著，尤其是在繁殖季节。猕猴的头骨较圆，颜面部短而狭窄，鼻骨短，略呈三角形，额骨发达，后部较为平缓，脑颅较大，听泡显著。雄兽的犬齿比较发达，尖而长，与门齿间有一个间隙。前臼齿较小，咀嚼面简单。臼齿大，均为具有 4 个齿尖的方形齿。

猕猴栖息于热带、亚热带及暖温带的阔叶林和针叶阔叶混交林中，是猴类中分布最为广泛的一种。

在国外，猕猴还分布于阿富汗东部、巴基斯坦、克什米尔、尼泊尔、印度、孟加拉国、泰国、缅甸、老挝、柬埔寨、越南等国家和

猕猴是一种半树栖的猴类，多在悬崖峭壁等陡峻处活动

猕猴母子

地区。

猕猴在垂直分布上的范围也很大，分布海拔最低的地方是在广东珠江口外的一些小岛上，最高则在西藏芒康县公主卡海拔 4300 米左右的针叶林上缘。它是一种半树栖的猴类，多在悬崖峭壁等陡峻处活动，过着家族式的群居生活，每群 10～60 只不等，甚至有 100～200 只的大群。群体中通常以繁殖期的成体占优势，一般占整个群体的60%～70%；繁殖前期的亚成体和幼仔次之，约占30%；繁殖后期的老年个体在群体中只占10%左右。群体的住处不太固定，每群均由身体健壮而高大的雄兽担任"猴王"。互相理毛、捉虱子是群体成员友好相处的表现之一，它们用一只手理着毛，另一只手去捉，动作十分熟练、自然，嘴里不断地"哼哼"着，有的捉到虱子后还会放进嘴里去咬，与此同时也吃到了出汗后凝结在皮肤和毛根上的含盐量达 0.9% 的盐粒，使身体中的盐分得以补充。群体社会中的等级次序划分得非常严格，较强的雄兽经常骑在较弱的雄兽的背上，以显示自己的地位，叫做"骑威"，较弱的雄兽则常将自己的臀部给较强的雄兽看，以示顺服。但雌兽和当年出生的幼仔在行动或取食时也能受到优待和保护，虽然有的幼仔也常被成年或亚成年的个体争夺取闹，吓得不时发出惊恐的"吱吱"声，不过大多是有惊无险。

猕猴是在白天活动的动物，每天天刚亮就开始活动、觅食，除了有时

小猕猴

玩耍和休息外，一般要到夜幕降临时才歇息。它的性情活泼好动，听觉、嗅觉都很灵敏，还有很强的游泳能力，能游过一二百米宽的水面。

猕猴在生活中也常常有愤怒或者悲伤的时候，发怒时的表情为眉头紧锁，两耳向后扇动，向对手龇牙怒目，发出一阵"吱，吱"的怪叫；悲伤时则一副无精打采的样子，躲在角落里，把身体紧紧地缩成一团。有人说猕猴是因为特别喜欢吃猕猴桃而得名，其实它以很多植物的嫩叶、花、果实和种子等为食，在野外食用的野生植物多达100多种，有时也到

猕猴兄弟

农田里吃谷子、番薯、花生等农作物。在林下活动时，也常翻动枯枝落叶，觅食昆虫及其幼虫，有时还成群地在悬崖峭壁下取食一些灰色粉状的岩石风化物，可能是其中含有盐分的缘故吧。在它的食谱中，一般果实和种子类占食物总量的72%左右，树叶类占20%，花朵占4%，昆虫类占2%。

猕猴在自然界中常受到狼、豹、金雕、雕鹗等猛兽、猛禽的威胁，每年都有很多幼仔遭到天敌的伤害。在南方，蟒蛇也是猕猴的天敌，它常常盘曲呈螺旋形，用尾巴圈成一个圈套，像一堆黑色的石头一样埋伏在灌丛之中，静静地等待猕猴的到来，一旦有落入圈套者，就甩开尾巴猛力抽打，直到把猎物打得骨碎如泥，再慢慢地将其吞噬到腹中。

猕猴一年四季均可繁殖，雌兽的性周期为发情和28天

爬得高才能看得远

森林是猕猴的家园

左右的月经周期，因为除了灵长目动物以外的哺乳动物只有发情表现，而人和高等灵长目动物不表现发情，只有月经周期，所以猕猴的性周期也恰好介于高等灵长目动物和其他哺乳动物之间。猕猴雌兽的性皮肤部位十分广泛，随同月经周期的到来，在生殖与肛门区、臀部、腹部和腹侧都会发生性皮肤的周期性肿胀。乳头发红，脸部也是鲜红的颜色，有些刚刚达到性成熟的雌兽在阴道前面腹股沟的皮下还会形成两个似雄性的睾丸一样的囊状突出物。猕猴的交配包括调情、爬跨、射精等过程。雄兽在发情时每天可以爬跨达数十次之多，时间长达几个小时。交配前，大部分是雄兽主动靠近雌兽，也有时是雌兽首先靠近雄兽，它们往往先在一起理毛或捉虱子，然后交配。雌猴在交配时臀部的肌肉不断颤动，全身向后移动，并且用前肢推雄兽的头部。猕猴通常为每年生1胎，或3年生2胎，每胎仅产1仔。怀孕的雌兽便开始拒绝雄兽的爬跨，并且疏远和躲避雄兽，怀孕期为6~7个月。随着胎儿生长发育的需要，雌兽的采食量也有所增加，变得比较贪食，尤其到了怀孕的后期，雌兽的体重增加很快，腹部变大，乳头发红并出现少量乳汁，活动减少而且谨慎，休息增多，喜欢单独活动，直到分娩前期。生产大多在前半夜，临产时雌兽变得很紧张，不时变换姿势，不

猕猴有丰富的表情

断在地上翻滚，表现十分痛苦。然后腹部开始用力，先将幼仔的头部娩出，再用手将幼仔从产道内全部拉出来，抱到怀里，用舌头从头部到后肢顺序舔食幼仔全身的黏液，直至全部舔干。过一段时间以后，雌兽又用力将胎盘娩出，用手抓住慢慢地吃掉，只剩下一截脐带，整个产程大约在 1 小时。幼仔刚出生时体重不足 250 克，浑身长满了绒毛，出生 12 小时后就可以吃奶了，一般每日吃 2~4 次奶，哺乳期需要 4~6 个月。雌兽对它们的照顾无微不至，无论走到哪里都要带着，幼仔本能地用四肢牢牢抓住雌兽的身体，即使雌兽奔跑时也不会摔下来。雌兽还常常将幼仔抱

攀爬的本领猕猴与生俱来

在怀中，一边嗅着、舔着，一边帮助它们理毛，显得异常亲密。有些淘气的幼仔总想悄悄地挣脱雌兽，自己溜到一边去玩，但雌兽为了防止意外，会拼命拉着幼仔的尾巴不放。幼仔长到 4~6 岁时达到性成熟，寿命为 25~30 年，雄兽的生育年限约为 20 年，雌兽的生育年限约为 18 年。

　　猕猴在动物分类学上隶属于灵长目、猴科、猕猴属。猕猴属的共同特点是颊部生有颊囊，前肢与后肢相等或比后肢稍长，尾巴较长，但明显短于体长。全世界约有猕猴 20 种，我国有 6 种，即豚尾猴、台湾猴、熊猴、短尾猴、藏酋猴和猕猴，其中前 3 种被列为国家一级保护动物，后 3 种为二级保护动物。

藏酋猴

　　藏酋猴是一种在我国分布较广、数量较多的猴类，体形较为粗大，雄

藏酋猴全身披着疏而长的毛发

兽的体长为 58 ~ 71 厘米，体重 10 ~ 20 千克；雌兽的体长为 51 ~ 65 厘米，体重 6 ~ 12 千克。它们都有一对大的犬齿。雄兽的脸部为肉色，眼围为白色；雌兽的脸部带有红色，眼围为粉红色。全身披着疏而长的毛发，背部色泽较深，腹部颜色较浅，头顶常有旋状项毛。雄兽的阴茎龟头短而且呈圆锥状。

"藏酋猴"这一中文名字最早出现于 1922 年出版的《动物学大辞典》，是因为它的拉丁学名中用了一个"西藏"的地名。事实上，藏酋猴并不产于西藏，所以有的学者根据它的两个主要特点，认为应该叫做"毛面短尾猴"，因为它头顶上的长毛从中央向两侧披散开，而且在面颊上和下巴上都生有浓密的须毛，就像络腮胡须一般，是其独有的特征；另外它的尾巴比猕猴的要短得多，呈残结状，但覆毛良好，上侧的毛色比下侧色深，长度仅为体长的 1/10。

由于藏酋猴的分布区较大，所以各地的俗称也有很多，例如有的地方叫它"毛面猕猴"，也有的根据其体色主要为灰褐色，颜面以肉色或青白色为主，而叫它"大青猴"或者"青皮猴"；还因为它经常在黄山、峨眉山等著名风景区出没，又被叫做"黄山猴"、"四川猴"等等。

藏酋猴栖息于崖岩较多的稀树山坡地带，常在崖壁石缝或岩洞中过夜，最高垂直分布可以达到海拔 3000 多米。它是昼行性、

藏酋猴栖息于崖岩较多的稀树山坡地带

半地栖的动物，喜欢结成群体，多在地面活动，也善于攀缘岩壁。它的食性很杂，主要吃各种果实、花朵、树芽、树叶、根茎等；不惧风寒，在深冬的冰雪气候中仍能正常生活；婚配为一雄多雌制，群体成员之间等级地位鲜明，"猴王"多通过争斗厮打取得群体的统治地位；交配季节多在秋天，雌兽的怀孕期为 6~7 个月，每胎产 1 仔，由雌兽负责养育幼仔。

藏酋猴以分布于四川峨眉山的最为有名。峨眉山又名大光明山，主峰"金顶"的海拔高度为 3099 米，雄踞于四川盆地的西南部。距离峨眉县城 7000 米，离成都 160 千米，是著名的旅游胜地和我国四大佛教名山之一，秀丽的峰峦，随着主峰迤逦不断，就像一条疏淡的长眉毛，故称峨眉，我国唐朝大诗人李白曾以"蜀国多仙山，峨眉邈难匹"的诗句来称赞它。

峨眉山以巍峨奇秀著称，叠叠群山，高插入云，万仞绝壁，飞流瀑布，气势磅礴，引人入胜，自古就有"峨眉天下秀"之说。它也是一座天然的自然博物馆，不仅植物繁茂、种类丰富、古树参天、奇花绽放，而且还栖息着数不清的珍禽异兽，尤其是在当地被称作"峨眉猴"的藏酋猴，不

被称作"峨眉猴"的藏酋猴

仅灵性超凡，而且不招而至。它们出没于山间道旁，与人嬉戏，成群结队地拦路"化缘"，登山的游人们也都高兴地把食物施舍给它们，以此当做一件乐事。峨眉山也是我国旅游名山中惟一能够见到野生猴类的地方，因此它又以"猴山"蜚声国内外，很多游客都带着"君到峨眉游，比观峨眉猴"的想法，将观赏藏酋猴作为旅游的主要项目之一。

据说早在明清之际，峨眉山就有"山猴成群来寺，见人不惊，与人相亲，相戏索食，呷然成趣"的奇妙景观。那时候，寺庙里的和尚根据佛教"不可伤生"的训诫，也经常给生活在这里的藏酋猴投放食物，进山朝拜的香客也对它们"以礼相待"，久而久之，爱猴、敬猴就成了当地的民风之一。但是在

藏酋猴见人不惊，与人相亲，相戏索食

十年动乱中，寺庙里的和尚被赶走了，藏酋猴也受到了"株连"，成为一些无知青年肆虐的对象，只得躲进深山老林之中。1979 年以后，随着峨眉山对外开放和一系列生态保护政策的落实，昔日藏酋猴与人们"相戏索食，呷然成趣"的景象才又重新出现。看来人与猴的关系亲密与否，关键在于人类的态度和作为。如今许多地方的珍禽异兽销声匿迹甚至荡然无存，其症结大概就在这里。

"峨眉猴"通常出没在峨眉山的洗象池、遇仙寺、仙峰寺、茶棚子、洪椿坪、牛心岭一带大约面积为 50 多平方千米的深涧密林中。登峨眉山，从山麓到山顶共有 60 千米的石级山径，而最为曲折难行的路段就是从大坪寺到海拔 1800 米的九老洞，称为"九十九道拐"，这里也是"峨眉猴"聚集的主要地点。每日上山的游客络绎不绝，也使它们久经世面，不仅不害怕游人，还与人纠缠、索取食物、甚至打逗嬉戏，给人们增添了不少乐趣。关于它们的趣闻轶事也不胜枚举，似乎天天都会有一些新奇的故事发生，有的令人捧腹大笑，有的却让人啼笑皆非，所以有人还幽默地依据这些藏酋猴的"文明程度"，将其划分为 3 种，第一种为"文明猴"，第二种称

藏酋猴一家

为"强盗猴"，第三种称为"流氓猴"。

"文明猴"的性情比较温顺、平和，虽然也常常会向游人举爪索要食品，但你若给它，它便会伸出爪子向你点头致谢，比如你给它一颗带壳的花生，它就用手拿到嘴里咬开，津津有味地吃下花生仁丢弃壳，紧接着伸出爪子向你讨要。你若不给它，就摊开两手，表示手中没有食物了，它也不会有什么不友好的表示，就不会再向你要了。当你逗它戏耍时，它也会卖力地让你玩个尽兴，所以人们称其为"文明猴"。

除了峨眉山外，在其他有藏酋猴出没的地方，也时常发生类似的一些有趣故事。在江西省安福县境内，有一座海拔1620米的明月山，是该县目前保存最好的原始森林林区，这里也有大量的藏酋猴栖息。为了管理保护好这块"风水宝地"，1994年安福县七都林场在大山腹地的黄鳅坪建了一个护林站，站里只有3名护林员，每当他们出去巡山，藏酋

藏酋猴

猴们便悄悄地来到护林站，又是越墙入室偷吃站里的食物，又是采摘地里的蔬菜，成了常来常往的"惯偷"。为保护好这些野生动物，护林员不仅不去恐吓、驱赶它们，还投放一些食物，待之如"上宾"。时间一长，这些"馋鬼"胆子就更大了，"猴王"竟然"携妇将雏"，常来常往，常偷常吃。就这样，自从明月山建立了护林站以后，基本上遏制了一些骚扰、猎杀野生动物的现象。如今，藏酋猴的数量明显比过去多了，活动范围也扩大了，生活得更加潇洒了。

在四川西北部山区的一个县城，竟然出现了一只藏酋猴，一点也不怕人，大模大样地走在人群之中，高高兴兴地吃着人们送给的食物。为了使它回到森林中，人们趁其不备，用一条棉被蒙在它的身上，捉住以后放在大箩筐里，像抬着出嫁的新娘一般，运送到几十千米之外的密林中。不料，没过几天，这只藏酋猴居然又来到了这个县城，与上次不同的是它的头上歪戴着一顶大

沿警帽，身上斜披着一件蓝色的保安制服，一副不伦不类的样子，引起了人们的一阵哄笑。原来在头一天的夜里，这位"不速之客"悄悄地溜到了一家旅店的值班室，偷窃了这套保安服装，使得专门防贼防盗的保安人员也对这种"高级扒手"无可奈何。

眼镜猴

眼镜猴分布于苏门答腊南部和菲律宾的一些岛上，它的体长和家鼠差不多，只有成人的手掌那么大，体重在 100～150 克。眼镜猴的性情温顺，头大而圆，眼睛特别大，适于夜视。

眼镜猴有着长长的手指和脚趾

眼镜猴有着长长的手指和脚趾。每只手指和脚趾的前端都有吸管状的圆形衬垫，这有助于它们抓紧树干和树枝。

眼镜猴在树枝上移动时很笨拙，通常它们是通过跳跃来移动的。跳跃时，它们伸直自己长长的后腿跳向空中，再落在距离自己 2 米远的另一棵树上。如果有必要，它还能中途拐弯。

许多眼镜猴的一只眼睛就重达 3 克。它们对危险非常敏感，甚至在休息时，也会睁着一只眼。

因为一些人相信眼镜猴的骨头可当做药来治病，所以，眼镜猴曾经遭到大量捕杀，现在数量很少，已经被列为国际保护动物。

在身体不动的情况下，眼

眼镜猴

镜猴的头几乎能转动整整一圈，这有助于它发现猎物和发现敌人。

眼镜猴妈妈特别会照顾孩子。小眼镜猴常常躺在妈妈的肚皮上，用爪子抓着妈妈的皮毛，尾巴绕过妈妈的后背。妈妈的尾巴则穿过后肢托着小宝宝的身体，让小宝宝感到安全又踏实。眼镜猴妈妈还时常低下头朝宝宝发出温柔的哼哼声，像唱催眠曲似的。

为什么叫眼镜猴？

眼镜猴是一种珍贵的小型猴类，是全世界已知的最小猴种。

眼镜猴最奇特之处在于眼睛。在小小的脸庞上，长着两只圆溜溜的特别大的眼睛，眼珠的直径可以超过1厘米，和它的小身体很不相称，好像戴着一副特大的旧式老花眼镜。所以，人们给它起了一个十分形象的名字：眼镜猴。

松鼠猴

如果你走进南美洲原始森林里，就会看到一些可爱的猴子在树间欢快地跳来跳去，它们就是松鼠猴。它们有趣的生活习性一直吸引着人类的关注。

和自己的身体相比，松鼠猴的尾巴的确很长，它的尾巴长度甚至比自己的身体还长那么一点点。因此松鼠猴看起来十分小巧和机灵。

松鼠猴喜欢生活在树上，这样不仅能躲避天敌，而且还可以方便地寻找食物。有的时候，松鼠猴也会从树上下来，来到地面上活动。

松鼠猴喜欢和自己的同伴

松鼠猴

居住在一起，它们是群居动物。科学家考察发现：一个松鼠猴群里有 10～20 只猴子。

松鼠猴的幼猴有一个小本领，它们生下来就会攀爬，这样可以在最短的时间里学会基本的生存本领。

松鼠猴的数量并不多，所以它被国际社会列为保护动物，禁止捕猎、贩卖和饲养松鼠猴。

松鼠猴利用声音和同伴交流，它们如果发出吼叫的声音，就是十分愤怒的意思；如果发出唧唧的声音，就是在告诉同伴食物在哪里；如果发出低沉的呼声，就是在寻找同伴。

豚尾猴

豚尾猴的尾巴也很短，约为体长的 3/10，尾巴上的毛也很稀疏，尾的基部较粗，尾梢较细，但末端有一簇长毛，在行动的时候常呈"S"形弯曲，状似扫帚或猪尾，所以得名，也叫猪尾猴。雄兽的体长为 50～77 厘米，体重为 6～15 千克，雌兽的体长为 40～57 厘米，体重 4～11 千克。它的额头较窄，吻部长而粗，略有些像狒狒。面部较长，呈肉色，具较长的黄褐色须毛，颊部的毛斜向后方生长，耳朵周围的毛向前生长，彼此相连，似一条围巾将耳朵遮盖住，眼睛具有明显的白色眼睑。冠毛短而黑，头顶上有放射状的毛旋。但前额却辐射排列为平顶的帽状，像是留着"板寸"发型，所以也被叫做平顶猴。它们体态较为雄壮，尤其是成年雄兽，体毛长而柔软，具有光泽，身上略有一些斑点，背脊和尾巴的色泽为深棕色至黑色，其他部位为浅黄色至灰棕色。雌兽不仅体形较小，毛色也不如雄兽的光亮。

豚尾猴是一种昼行性、树栖、杂食的动物

豚尾猴栖息于亚热带森林中，是一种昼行性、树栖、杂食的动物。喜欢群居，每群为 3～20 只不等。在野外的生活习性与猕猴相似，主要以热带果实和昆虫、小鸟和鸟卵等为食，在地面活动的时间较多，行走、奔跑时用四肢着地，趾行性，但在树上行走是跖行性。雄兽在发情期显得异常凶猛而强悍。雌兽的月经周期为 30～40 天，在发情时，臀部和尾巴根部的皮肤明显肿胀和发红。妊娠期为 170 天左右，每胎产 1 仔，哺乳期为 6～8 个月。3～5 岁时性成熟，寿命为 26 年。我国的豚尾猴数量不多，估计野外总数不足1000 只。

豚尾猴是一种非常聪明的动物，平时群体成员之间常用抬眉、眯眼、撅嘴等方式交流情感，也经常互相理毛，表示亲昵。最近美国佐治亚州亚特兰大市北部的那基斯灵长目动物研究中心的研究结果表明，一些豚尾猴不仅会说话，而且还带有"口音"，当然它们说的并不是人的语言，这项研究的结果使科学家们对灵长目动物所具有的语言通讯系统的复杂性感到十分惊奇。该中心的科学家认为：语言的主要组成部分是能够指明事情及事情如何进行，而豚尾猴就具有这种能力。他们发现一只名叫普罗法妮蒂的雌性幼仔和它的同类能用不同的声音和频率表达意思，从"妈妈，我的姐姐在推我！"的哀诉，到"有一只

豚尾猴是一种非常聪明的动物

陌生的大猴子在打我！"的悲鸣。在野外，它们对不同的危险会发出不同的尖叫声，一种声音可能表示有一只豹潜伏在附近，另一种声音则可能表示有人类在威胁它。由于它们生活在树叶遮蔽的丛林中，互相能听到喊叫声但看不见，所以还需要能区别口音。不同家庭的豚尾猴在口音上有细微的差别，这一点很重要，比如雌兽听到自己的幼仔的呼救声，必然会比听到其他同类的呼救声更迅速去救援。当然，未经训练的耳朵是无法区分不同口音的，这个研究中心的两位科学家可以听出他们研究的每个豚尾猴家庭发出的声音，准

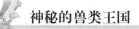

确性为90%。他们在研究中把声音转变为图像记录下来，结果表明每个豚尾猴家庭的说话的频率、音调、音高、和声都不一样。目前科学家们还不知道这种口音是遗传的还是后天学习的，他们打算让一个豚尾猴的家庭抚养另一家庭的幼仔，然后观察幼仔用什么口音说话的方法来进一步研究。由于科学家长期以来一直认为猴类和其他聪明的哺乳类动物在碰到危险时的尖叫只不过是情绪的表露，所以这个中心的研究结果是很有意义的。因为在自然界，除人类外，还没有任何动物能学习另一种语言，所以，如果该中心科学家的进一步试验能证明豚尾猴能学习另一种口音，则以前的观点就要修正，研究豚尾猴的这种行为对于了解人类语言的诞生很可能是至关重要的。

豚尾猴

金丝猴

金丝猴也叫金线猴，顾名思义，一定是一种身披着金丝线一样美丽长毛的猴类。其实它不仅毛色艳丽，而且形态独特、动作优雅、性情温和，所以深受人们的喜爱。金丝猴也是我国的特产种类，它与大熊猫齐名，同属"国宝"级动物，不仅具有重大的观赏价值和经济价值，还有很高的学术研究价值。目前，除我国外，这一稀世珍宝在世界上仅有法国、英国等极少数国家的博物馆中收藏有若干标本。

比起其他猴类来，金丝猴的确是非常漂亮，它头顶的正中有一片向后越来越长的黑褐色毛冠，两耳长在乳黄色的毛丛里，一圈橘黄色的针毛衬托着棕红色的面颊，胸腹部为淡黄色或白色，臀部的胼胝为灰蓝色，雄兽的阴囊为鲜艳的蓝色，从颈部开始，整个后背和前肢上部都披着金黄色的长毛，细亮如丝，色泽向体背逐渐变深，最长的达50多厘米，在阳光的照耀下金光闪闪，好似一件风雅华贵的金色斗篷。

金丝猴的体形较大，体长 48 ~ 64 厘米，体重 7 ~ 16 千克，四肢粗壮，后肢略长于前肢，尾巴也较长，其长度与体长相差无几。它的头圆，耳短，眼睛为深褐色，嘴唇厚，吻部肥大，嘴角处有瘤状的突起，并且随着年龄的增长而变大和变硬。两颊和额的正中的毛都向脸的中央伸展，露出两个凹陷的天蓝色眼圈和一个突出的天蓝色吻圈，再加上鼻骨退化，没有鼻梁，形成了一个鼻孔上翘的朝天的鼻子，更显得格外有趣。所以，在金丝猴的产地，它还有"蓝面猴"、"仰鼻猴"、"小鼻天狗猴"等俗称。在我国的古书中有这样一段有趣的

金丝猴的头顶的正中有一片
向后越来越长的黑褐色毛冠

金丝猴长年生活在树上，很少下地活动

记载：有人担心下雨的时候，雨水会从朝天的鼻孔灌进它的肚子里，因此推测它的尾巴一定是分叉的，这样才能在下雨的时候用两个尾巴尖分别堵住两个鼻孔。现在看来，这段记载当然属于笑谈，因为金丝猴的尾巴尖不是分叉的，世界上也没有尾巴尖分叉的哺乳动物。

金丝猴主要栖息在海拔 2000 ~ 3000 米的高山针叶阔叶混交林中，长年生活在树上，很少下地活动。它喜欢群居，少则十几只，多达数百只一群。每群都由老年、中年、青年和幼仔组成家族社会，很少见到单独行动的。每个群体中，都有一只经过搏

斗产生的体格魁梧、毛色不凡的"美猴王"来指挥猴群的一切行动。群体中的其他成员对"美猴王"都非常敬畏，常常敬献食物给它，以及为它搔痒、梳发、捉虱子等等，来讨它的欢心。"美猴王"也非常勇敢，遇有敌情时，总是奋不顾身，冲在前面。

金丝猴性情机警、多疑，每到一处时，总要派出几只雄兽攀上树顶进行警戒，群体中的其他成员就可以放心地取食或追逐嬉戏。当发现有危险时，警戒的雄兽会立刻发出"呼哈——呼哈"的报警声，群体成员立即大声呼应，然后迅速逃离。在行动时，群体成员也组织得非常严密，携带幼仔的雌兽位于群体的中间，前后都有健壮的雄兽保护，动作非常敏捷，往往先摇一摇树枝，然后借助树枝的反弹力量进行树枝间的荡越，就像一阵狂风骤起，在"美猴王"的率领下，扶老携幼，大声呼啸着，在茂密的丛林中攀缘飞奔，瞬间便杳无踪迹，人们往往是只闻其声，难见其影。

金丝猴是典型的树栖动物

金丝猴是典型的树栖动物，对地形、坡向等的选择并不严格。在它的产地，只要森林茂密、成片和食物丰富，就可见其活动踪迹。在春、夏、秋三个季节，群体在天明就发出叫声，不久即开始觅食活动，除了中午休息上一段时间以外，几乎整个白天都不停止活动。冬季则不同，天明后仍蜷伏在树枝上不动，只偶尔发出叫声，直至太阳升起或气温上升以后才开始活动，而且不如夏季那么活跃。活动的范围一般要视其食物和季节的变化而异，相对而言，在食物欠缺地区的活动范围常大于食物丰富地区的活动范围，春夏季活动范围常大于秋冬季活动范围。这是因为春季和夏季主要以嫩芽、叶和花冠为食，常需要较大的范围才能满足需要，通常为方圆 500～2500 米；秋季食物丰富，而且大多为果实、种子，在不太大的范围内便可以获得，所以每日活动的范围也相对较小，仅有方圆 200～500 米；冬季十分寒冷，群体的活动量减少，日活动范围更小，甚至可以在一片不到 100 公顷的林内活动 20～

30 天，因此将该区域内可供啃食的树皮几乎全部啃光。

金丝猴除中午炎热时稍稍小憩外，几乎整个白天都在觅食和玩耍中度过，一直到日落才休息，一般每天在天黑前 1 小时，即夏季的 7 时左右，冬季的 5 时左右，便开始寻找当夜歇息的地方。

在春、夏、秋三个季节，一接近中午，金丝猴群体便安静下来休息。晴天时大多数都选择在能庇荫的树枝上睡觉，雄兽睡在群体的外围，雌兽和幼仔居中，睡觉的姿势与夜晚相似，惟有雄兽保持着较高的警惕性，稍有风吹草动就睁开眼睛四处张望，但一般不设立专门担任警戒的"哨兵"，

金丝猴有时也下到地面上觅食

休息时间 2~3 小时。冬季到中午也照样休息，但仅有少数个体真正闭上眼睛睡觉，大多数则蜷缩在树杈之上，相互挤靠，或晒太阳，或相互理毛，休息时间缩短为 1~2 个小时。不论哪个季节，中午休息和夜晚睡觉最大的不同就是一遇到惊扰便立即警醒，并迅速逃离。

金丝猴有时也下到地面上觅食，或者因为树木稀疏，无法从树上跃过时，只好下地通过。在地上活动的时候也和树上一样十分灵活而迅速，不发出声响，很难被发现。它很耐寒冷，冬季活动区域内的气温虽然大多在零摄氏度以下，仍然能够照常采食，甚至也仍然能够在树枝上安然入睡。降雨对它的活动也没有多大的影响，在中、小雨天中可以像晴天一样活动觅食，并不需要在树枝下避雨。

喜爱嬉戏、喧闹是金丝猴的天性，在其活动的树林中，常常是一片喧腾，呼唤声和折断树枝的声音响成一片，数百米之外都能听见。雄兽发出的"呕——噫，呕——噫"的悠扬的叫声和幼仔们发出的"叽叽"叫声，此呼彼应，欢闹不止。金丝猴能发出多种叫声，作为社群内信息的一种传递。据专家研究，它们主要用游玩时欢乐的嬉戏声、大难来临前的警戒声、粗短

金丝猴能发出多种叫声

高亢的呼唤声和身体疼痛的呻吟声等四种"语言"来互相联系。

金丝猴取食的植物很多，春夏季节主要吃杨树、五角枫、叶上花、红桦等树木的嫩枝、嫩芽、树叶、根和花蕾等；到了金秋时节，则大量采摘野杏、李、樱桃等阔叶树木的果实、种子，以及橡子、松子等；当严冬积雪覆盖时，就只能啃食树皮、藤皮，或者采掘苔藓来度日了。

每年的 9～11 月份是金丝猴的交配季节，雌兽的脸上有明显的求偶表情，常常主动接近雄兽，并且将臀部转向雄兽，匍匐于地面上，等待雄兽交配。在这段期间，雄兽和雌兽还经常互相拥抱，不时地为对方仔细理毛。雌兽的怀孕期为 6～8 个月，每胎一般只产 1 仔。初生的幼仔毛色不呈金黄色，而是头顶和背部为深黑色长毛，其他部位为灰白色绒毛。手掌、脚掌的掌心都是肉红色，指（趾）端为粉红色。头部形状也不是圆的，而是头顶平，左右侧扁，前后稍长，后脑十分突出，与细而短的颈部形成一个近似90 度的角。躯干细长，因而显得四肢比较粗壮。尾巴较长，大约与躯干的长度相等或更长一些。幼仔的吻部也不十分突出，面皮全部裸露，呈灰白色，仅在眼睛和塌陷的鼻梁周

金丝猴

围有一点蓝色，特别引人注目的是上下眼睑和嘴的边缘为红色，以后逐渐变浅，约在出生15天以后消失，体毛也逐渐变成乳黄色。雌兽对幼仔关怀备至，总是把它紧紧抱在怀里，行走时也让它抓住自己的腋下或腹部。如果雌兽不幸死亡，其他雌兽就会主动担当哺育幼仔的义务。幼仔长到1岁多时开始断奶，4～5岁时便能独立生活了。

金丝猴一家

与大熊猫不同的是，金丝猴较少到其他国家展出，正因为如此，才愈发显得无比珍贵。1986年1月26日到8月13日期间，重庆动物园的一对金丝猴夫妇"阳阳"和"虹虹"，在前往美国西雅图、波特兰访问展出期间喜得贵子，留下了一段佳话。

知识点

金丝猴的传说

我国傈僳族有一个关于祖先的神秘传说，很久很久以前，傈僳族的祖先在大山里自由自在地生活。他们夏天在树林中活动，采摘树上的嫩芽野果作为食物；冬天以岩洞作为房屋，在地上寻找植物根、茎、种子作为食物。他们的祖先非常诚实善良，与周围的民族友善相处，常常邀请他们来山里做客，用山鸡、竹笋等好吃的款待客人。

可是有一天，山外人请他们的祖先做客，却欺负傈僳族的祖先没见过铁器，让傈僳族的祖先坐在刚刚出炉的大砍刀上，结果，傈僳族的祖先裤子被烧烂，屁股被烙红。屁股露在外面太难看了，傈僳族的祖先就自己缝了一条

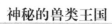

白短裤，一件白色羊皮褂，一件双肩披黑色坎肩穿在身上了（也就是滇金丝猴的样子）。所以，在今天傈僳族的人们把金丝猴作为他们自己的祖先。

人类的"近亲"——猩猩

猩猩和大猩猩、黑猩猩、长臂猿统称类人猿。它们具有和人类最为接近的体质特征，并会像人类一样表达自己的情绪，许多行为都与人类非常接近，所以说它们是人类的"近亲"。

人类通过镜子认识自己的镜像，令人难以置信的是，在这个世界上，还有两种动物认识自己的镜像，你知道是什么吗？那就是海豚和猩猩，它们都是自然界中的高智商动物。

雄猩猩发出的声音非常

猩猩是自然界中的高智商动物

大，在密林中可以传出 1000 米远，这能帮助它们确定自己的领土。有时它会拍打着自己的胸脯嗷嗷大喊，似乎在说："我是人猿泰山。"

大猩猩大都健壮魁梧，它们伞身覆盖着黑褐色的毛，但有些大猩猩的毛略呈灰色，有些则长着棕红色的毛。别看大猩猩的外表长得粗暴可怕，其实它们性情很温和，不太喜欢争斗。

用树枝诱捕白蚁

大猩猩非常聪明，它们与人类一样有情绪包括爱、恨、恐惧、悲伤、喜悦、骄傲、羞耻、同情及妒忌等，被瘙痒时甚至会哈哈大笑！

黑猩猩制造工具的本领很强大。它们会找来小树枝，将小树枝上的叶子拔除后，插入白蚁洞中，引诱白蚁爬到树枝上，再抽出树枝慢慢享用美味的白蚁。黑猩猩还能将树叶咬至柔软后浸水，然后饮用。

智商最高的猩猩

在所有的灵长类中，人工环境下的猩猩在智力实验中得分最高。在野外的猩猩会依靠它们的智力去"发明"复杂的取食技术，有的时候涉及工具的使用，利用工具它们甚至可以得到其他大部分雨林居民得不到的食物。它们也是很好的模仿者，可以从别的动物那里学到技能，包括如何使用工具。和"发现"新事物相比，它们更精于模仿其他猩猩的动作，这就使得它们能够产生当地的传统。在不同的地方，猩猩会使用不同的筑巢技术，发出不同的声音，它们抓握食物的方式也是不同的。在冬天，他们常会去泡温泉，为对方捉虱子。

严守纪律——狒狒

狒狒的头很大，鼻子突出，面部特征很像狗，脸上光滑无毛，是猴类中体型最大的种类之一。狒狒喜欢群居，成员最多可达200多只，首领由最强壮的雄狒狒担任，其他成员也依次排序。

当狒狒家族遇到危险时，富有战斗力的首领会毫不犹豫

狒 狒

狒狒母子

地挺身而出对抗敌人，保护群体的安全。即便在撤退途中，队伍的秩序也会有条不紊，雄狒狒总是在最外层保护着雌狒狒与幼狒狒的安全。

狒狒

狒狒家族的大王拥有自己的"宝座"，大王喜欢神情"高傲"地坐在山坡上休息，俯视着自己的"臣民"。一般成员是绝对不允许碰首领宝座的，趁大王不在的时候，也会有一两只胆大的雄狒狒顶着危险偷偷地跃上宝座，过一过当大王的瘾。

当狒狒们集体外出时，一些雄狒狒总是走在最前面，中间是幼仔和雌狒狒，最后压阵的是另外的雄狒狒。这样的"阵形"对于雌狒狒和幼狒狒的安全非常有利。

当狒狒群遇到狮群时，狒狒们分工明确，有的捡起石块投向狮群，有的怒吼助威，会集体将狮群击退。

狒狒口中的獠牙是权力的象征，

越大则地位越高。另外，獠牙也是威慑敌人的有力武器。遇到敌人时，它们首先会龇出长长的獠牙恐吓对手。

狒狒的生活

狒狒栖息于热带雨林、稀树草原、半荒漠草原和高原山地，更喜生活于这里较开阔多岩石的低山丘陵、平原或峡谷峭壁中。主要在地面活动，也爬到树上睡觉或寻找食物。善游泳。能发出很大叫声。白天活动，夜间栖于大树枝或岩洞中。食物包括蚂蚱、昆虫、蝎子、鸟蛋、小型脊椎动物及植物。通常中午饮水。结群生活，每群十几只至百余只，也有 200～300 只的大群。群体由老年健壮的雄狒率领，内有专门望者负责警告敌害的来临，退却时，首先是雌性和幼体，雄性在后面保护，发出威吓的吼叫声，甚至反击，因力大而勇猛，能给来犯者造成威胁。主要天敌是豹。

机敏的杂食性动物

JIMIN DE ZASHIXING DONGWU

在哺乳动物中有很多类是杂食动物。它们和人一样，既吃植物性食物也吃动物性食物。这种以植物性和动物性食物为营养的习性称"杂食性"，也叫"泛食性"，对周遭环境有着较强的适应力。例如：狐狸吃兔子、蛇、刺猬等。熊也是杂食性动物，熊什么都吃，例如：果实、鹿、水果、鲑鱼、鳟鱼、昆虫等，有时会袭击豪猪和家畜。这些将在下面章节，抽出来单独介绍。

另外有一类杂食性动物，与人类关系较密切，大多性情温，没有攻击性，且大多经过人类饲养，例如猫、狗、鸡、鸭、鱼、蚂蚁、老鼠等。

狡猾诡异——狐狸

在动物学中，狐和狸是两种完全不同的动物。虽然它们都是食肉动物，大小也差不多，但它们的习性却完全不同。

尽管狐和狸在世界各地几乎都有分布，但因为狐的踪影经常出现在人们的视野中，而狸却很少被人们看到，长此以往，人们就习惯把狐叫成"狐狸"了。我们这里所讲的狐狸其实是指动物学中的食肉目犬科狐属动物。

狐的外貌很像狼，身体细长，有一条长长的大尾巴，浑身长着蓬松的细毛，毛色还能随着季节和自然环境的变化而变化。狐生活在森林、草原、丘陵等自然环境中，家安在树洞或土穴之中，习惯在傍晚时分外出觅食，黎明时候回家。狐御寒能力很强。狐是著名的益兽，食性很杂，每年能消灭掉田鼠、野兔等大量家禽，但总体上看狐还是功远大于过的。

狸俗称野猫，即豹猫，是食肉目的猫科动物，体长比狐稍短而且粗壮，身体长满灰褐色的长毛，全身布满黑色的斑点。狸两只耳朵比狐短，嘴巴较小，两颊横生着粗硬的长胡须，眼睛周围有一片黑褐色的斑纹，尾巴短而粗壮。狸居住在河谷和山野的小溪附近，性情凶猛，捕捉猎物果断利落，但莽撞而又贪食，容易被人捕捉。

狐的外貌很像狼，身体细长

狐狸在世界上的分布非常广泛，根据不同的特点大致可以把它们分为13种，其中常见的有赤狐、北极狐、沙狐、银黑狐、十字狐等。

我国常见的有赤狐和沙狐等。赤狐在全国各地都有分布；沙狐分布在新疆、内蒙古、青海、甘肃、西藏等地；藏狐分布在我国西部，毛绒特别厚密。北极狐是狐狸中很有特点的一种，主要分布在北极地区。

狐狸的活动范围非常广泛，在草原、荒漠、丘陵及树丛、森林、河流、溪谷、湖泊等地区都可以生活。它们的适应性很强，能生活在不同气候、地形和植被的环境中。其常栖居

幼　狐

北极狐

在黑暗的自然洞穴中，如树洞、土穴、石洞、石缝、墓地等地方，有时也占据兔穴、獾穴为窝。它们大多昼伏夜出，夜间活动觅食，白天在洞穴内睡觉休息。

狐狸的听觉、嗅觉非常发达，生性狡猾，行动敏捷。狐狸的尾根部有一个能分泌恶臭气味的臭腺，它是狐狸攻敌和自卫的法宝。如与敌害狭路相逢时，臭腺能适时排放出奇臭无比的气味，令天敌无法忍受而掩鼻逃走。

狐狸平时喜欢单独生活，发情季节会结成小群。每年12月份至次年3月份是狐狸的发情交配期。发情期间，雄狐狸之间会为争夺配偶而大打出手，获胜者最终得到与雌狐狸交配的权利。

狐狸的怀孕期为50～90天。3～4月份产下幼崽。狐狸一般每胎生育5～6只。小狐狸刚出生时双眼紧闭，约14～18天才能睁开。一个月后，小狐狸开始出洞嬉戏玩耍，认识外面的世界。5～6个月后，长大的小狐狸开始独立生活。

狐狸的听觉、嗅觉非常发达，行动敏捷

小狐狸出生后会受到父母的精心照顾，与父母在一起生活的时间也比较长。这样，小狐狸既可以得到父母的保护而免受天敌的伤害，又可以学到各种生存本领。

狐狸父母不仅非常疼爱自己的孩子，而且更注重对它们的培养。老狐狸常常带着小狐狸离洞外出，对它们进行打洞、猎食、逃生等示范教育。不过，等小狐狸长大后，老狐狸却会很凶狠地对待它们，疯狂地撕咬、追赶、逼迫它们四散逃遁，无法回家。从此以后，小狐狸就各自离家，开始独立生活了。

狐狸喜欢独来独往

狐狸的这种教子方法，非常有利于狐狸种族的生存，在某些方面也很值得我们人类学习。

 知识点

沙漠狐：世界上最小的狐狸

生长在沙漠地带的沙漠狐，是世界上最小的狐狸。沙漠狐体长约三十到四十厘米，尾长十八到三十厘米。沙漠狐长着圆圆的脸，一双机灵的大眼睛，体态非常轻盈灵巧。

沙漠狐又称耳郭狐，这是因为它的耳朵异乎寻常的大。沙漠狐的耳朵长达十五厘米，比大耳狐的耳朵还要大。从它的耳朵与身躯的比例来说，沙漠狐的耳朵在食肉动物中可以说是最大的了。沙漠狐的这双大招风耳是它的散热器，这是它适应沙漠地区炎热气候的需要。同时，这双大耳朵还能够对周围的微小声响作出反应，它能够分辨出声波的微弱差异。沙漠狐的大耳朵总是面向着发出声音的方向，让声音同时传送到两耳。

北极狐

北极狐的颌面狭长，嘴尖耳圆，尾毛蓬松，尾巴末端为白色。按毛色特点可将北极狐分为变色北极狐和天蓝北极狐两类。

变色北极狐

变色北极狐在夏天具有比较稀少的银灰色脊背毛，面部、脊背的两侧和过渡到腹部的毛则为灰白色；在肩部有黑色和灰色的花纹向下延伸至脚部，形成不明显的十字图形。而一到冬天，全身的毛会变成纯白色，和周围的雪景浑然一体。

天蓝北极狐的体色一年四季都为蓝灰色，这是与它生活环境相适应的结果。因为天蓝北极狐的主要活动场所在北冰洋的沿岸，蓝灰色的皮毛正好和蓝色的海水接近，起到了保护色的作用。

变色北极狐和天蓝北极狐并无严格的品种界限，有时它们会在一起混居，如果两者交配，生出的后代可能全是白色或是蓝灰色或是杂色。

北极狐最主要的食物是旅鼠。当遇到旅鼠时，北极狐会极其准确地跳起来，然后猛扑过去，将旅鼠按在地上并吞食掉。

有趣的是，当北极狐闻到在窝里的旅鼠气味和听到旅鼠的尖叫声时，它会迅速地挖掘位于雪下面的旅鼠窝。等到扒得差不多时，北极狐会突然高

北极狐幼崽

高跳起，借着身体跃起的力量，用腿将雪做的鼠窝砸塌，将一窝旅鼠一网打尽，然后逐个吃掉它们。

北极狐有一定的社群性。在一群北极狐中，雌狐之间有严格的等级区分，它们当中的一个能支配控制其他的雌狐。

每年3月份是北极狐的发情期。此时，雌北极狐头向上扬起，坐着鸣叫，这是在向雄北极狐发出求爱信号。雄性在发情时也要鸣叫，而且比雌性叫得更频繁、更急切些，有些类似猫打架的叫声，也有些像松鸡的叫声。

一旦两情相悦，雌、雄北极狐便会结合，再经过51～52天的怀孕期，一窝狐崽便诞生了。北极狐一般每窝产8～10只，最高纪录是16只。刚出生的幼狐眼睛还没有睁开，这时母狐会专心致志给它们喂奶。16～18天后，小狐狸便睁开眼睛开始认识多彩的世界。经过2个月的哺乳期后，母狐便开始从野外捕来旅鼠、田鼠等喂养小狐崽。母狐

天蓝北极狐

每次叼着猎物回来，只要轻柔的一声呼唤，小狐崽们便争先恐后地冲出洞穴，欢迎母狐，同时分享猎物。约需要10个月的成长，小狐崽们才能达到性成熟，随后成家立业，开始新的生活。

北极狐的特征

北极狐体长50～60厘米，尾长20～25厘米，体重2500～4000克。体型较小而肥胖。嘴短，耳短小，略呈圆形。腿短。冬季全身体毛为白色，仅鼻尖为黑色。夏季体毛为灰黑色，腹面颜色较浅。有很密的绒毛和较少的针毛，尾长，尾毛特别蓬松，尾端白色。北极狐能在零下50℃的冰原上生活。北极狐的脚底上长着长毛，所以可在冰地上行走，不打滑。

赤 狐

赤狐向来以狡猾而著称。在古希腊的《伊索寓言》中，在我国的古典小

赤 狐

说《聊斋志异》中，以及世界上许许多多的童话、寓言、故事和电影里，赤狐扮演着主要的角色。赤狐往往变化成鬼怪或者美丽而聪明的少女，采取各种手段来骗取人们的信任以达到目的。

狐狸生性多疑，行动前会先对周围环境进行仔细的观察，确信安全后才会行动，这就是"狐疑"一词的来历。在人们的心目中，狐狸几乎就是狡猾的代名词，所以人们也常用"狡猾得像只狐狸"来形容狡黠的人。

人们对赤狐的模样并不陌生，它有着细长的身体，大大的耳朵，尖尖的嘴巴，短小的四肢，身后还拖着一条长长的大尾巴。

赤狐的身体长 50～90 厘米，尾巴长 30～60 厘米，体重 5～10 千克，最大的超过 15 千克，雄狐的身体比雌狐稍微大一些。

赤狐背部的毛色多种多样，最典型的毛色是红褐色。红色毛较多的又被称为火狐，灰黄色毛较多的又被称为草狐。赤狐的头部一般为灰棕色，耳朵的背面为黑色或黑棕色，唇部、下颏至前胸部为暗白色，身体侧面略显黄色，腹部为白色或黄色，四肢的颜色比背部稍微深

赤狐又被称为火狐

一些，尾毛蓬松，尾尖为白色。

在欧亚大陆和北美洲大陆上，到处都能见到赤狐的足迹。另外，赤狐还被引到澳大利亚等地。赤狐经常活动在森林、灌木丛、草原、荒漠、丘陵和山地等广泛的地带，甚至城市近郊也是它们光顾的地方。

赤狐喜欢居住在土穴、树洞或岩石缝中。冬季，赤狐的洞口常会有水汽冒出，并有明

赤狐长长的尾巴有防潮和保暖的作用

显的结霜，以及散乱的足迹、尿迹和粪便等；夏季，洞口周围会有挖出的新土，上面有明显的足迹，还有非常浓烈的狐臊气味。

赤狐的住所并不固定，除了繁殖期和育崽期间外，一般都是独自栖息，通常昼伏夜出，但在荒僻的地方，有时白天也会出来寻找食物。赤狐长长的尾巴有防潮和保暖的作用。它也善于游泳和爬树。

赤狐一般在每年12月至次年2月间发情、交配。此时雄赤狐之间会为争夺配偶而发生激烈的争斗。雌赤狐的怀孕期为2~3个月，在3~4月产崽于土穴或树洞里，每胎多为5~6仔，最多可达13崽。幼崽出生的时候，雄赤狐总是很负责任地待在雌赤狐的旁边。雄赤狐会在幼崽出生之前便开始修整洞穴备用，它不仅参与抚育后代，而且还要外出帮助觅食等。

初生的幼崽皮毛又黑又短，软弱无力，体重60~90克，出生后14~18天才睁开眼睛。在这段时间里，雌赤狐精心地抚养和照顾它们，从不离开，

赤狐喜欢居住在土穴、树洞或岩石缝中

幼崽喜欢在洞口晒太阳

食物则由雄赤狐供给，整个哺乳期约为 45 天。幼崽喜欢在洞口晒太阳，生长速度很快，出生一个月左右体重就能达到一千克，并可以出洞活动。此时，雄赤狐更加忙碌，同时给雌赤狐和长得很快的幼崽提供食物。如果这时雌赤狐不幸死亡，雄赤狐就要独自承担起养育后代的艰巨任务，真可谓是模范丈夫。半年以后，长大的幼崽便离开父母，开始独立生活。9~10 个月就能达到性成熟。赤狐的寿命为 12~14 年。

赤狐性情狡猾，有超强的记忆力，听觉、嗅觉也很发达，行动敏捷。多数犬科动物都是以奔袭追捕的方式来获取猎物，而赤狐却截然不同，它是想尽各种办法，以计谋来捕捉猎物。

赤狐捕猎时，往往先在野鼠、野兔活动频繁的植物茂盛的地带，根据气味、叫声和足迹等寻找猎物的踪迹。然后机警地、不动声色地接近猎物，甚至将身子完全趴在地上匍匐而行，或者钻入洞穴、岩石、树木之下蹲伏下来，作好伺机而动的准备，然后先轻步向前，紧接着步子加快，最后变成疾跑，最后用突袭的方法抓获猎物。

有时，赤狐还会假装痛苦或追着自己的尾巴在地上转圈来引诱穴鼠等小动物的注意，待其靠近后，突然上前捕捉。总之，赤狐的捕猎方法五花八门，每一招都充满了智慧。

银黑狐

银黑狐是赤狐的一个变种，起源于北美洲的阿拉斯加和西伯利亚的东部地区。银黑狐的毛黑白相间，有一层雾状的针毛。

银黑狐体型与赤狐基本相同，全身毛色基本为黑色，并均匀分布有银色毛，臀部的银色更重。银黑狐的嘴部、双耳的背面、腹部和四肢毛色均为黑色。在嘴角、眼睛周围有银色毛，脸上有一圈银色毛构成的银环，尾部的绒毛为灰褐色，尾尖为纯白色。

银黑狐腰细腿高，尾巴粗而长，善于奔跑，行动敏捷。嘴尖而长，眼睛大而亮，两耳直立，视觉、听觉和嗅觉比较灵敏。

经过100多年的人工培育，银黑狐的体型逐渐增大，适宜家养。雄狐体重一般为6～8千克，体长66～75厘米，雌狐体重5.5～7.5千克，体长62～70厘米。

银黑狐善于长距离奔跑

野生银黑狐生活在山地、森林、草原和寒冷地带，既捕捉鼠类、蛙、鱼、小动物和禽类，也采食植物的籽实、浆果、根、茎等。一般到秋季时身体长得比较肥胖，随着冬季到来后食物开始短缺，身体也逐渐变瘦。家庭养殖的食物主要有肉、鱼、蛋、乳、血、动物下水、鱼粉、谷物籽实和大豆膨化饲料等。

银黑狐嘴尖而长，眼睛大而亮

狐的汗腺不发达，与狗一样，气温高时通过张口伸舌和快速呼吸的方式来散热。银黑狐每年换毛一次，夏天的毛色比冬天的暗。

狐狸的性格狡猾、多疑，性情机警，银黑狐则更警觉。银黑狐一年发情一次，一次产崽4～6只。经过驯化，有些银黑狐可以抱在怀中，很容易与人亲近。银黑狐的寿命一般为8～10年。

其他杂食性动物

狼獾

狼獾常常跟踪猎人，一有机会就巧妙而有步骤地将猎人的猎物抢走。即使陷阱中没有猎物，它们也要偷吃饵料，有时候甚至吃掉捕兽网。

狼　獾

要捉到狼獾并不容易，狼獾的警觉性太高了，其狡猾程度不亚于狐狸。有时候，一只狼獾就能破坏一个猎人的整个狩猎计划，迫使猎人转移到别的地方去。

成年狼獾的体重在 25 千克左右，看上去它很像是熊和臭鼬的混血儿。实际上，狼獾是生活在地面上最大的鼬鼠类动物。

狼獾在生儿育女的时候，才在它们的领地上安下一个固定的窝，一般情况下，它们的窝都是临时性的，它们往往把其他动物遗弃的洞穴改成自己的窝。

狼獾经常把气味熏人的分泌液蹭在食物上，以证明它们对食物的所有权，其他动物闻到这种气味便不再去碰那些食物了。

虽然狼獾生活在冬季最漫长、最寒冷的地带，但它们却没有冬眠。冬天的恶劣气候为狼獾的捕食活动创造了条件，在大雪的掩护下，狼獾可以出

狼獾常把分泌液蹭在食物上

其不意地捕捉鱼和它夏天不易捉到的动物。

狼獾有着小熊一样的力气，又像鼬鼠一样狡猾、凶猛。它可以攀高、挖洞、游泳，即使是在世界上最恶劣的条件下，它也能够生存。但是狼獾相对来说仍属于稀有动物。在同一个地区，狼獾的数量只是山猫的7%。对绝大多数生灵来说，狼獾就像荒野的幽灵一样凶猛、罕见，令人捉摸不定。

豺

豺的别名之多在兽类中名列前茅，有红狼、红豺、豺狗、斑狗、棒子狗、扒狗、绿衣、马彪、赤毛狼等称谓。在国外，豺则被叫做亚洲野犬或亚洲赤犬。豺的外形与狼、狗等相近，但比狼小，而稍大于赤狐，体长95~103厘米，尾长45~50厘米，肩高52~56厘米，体重13~20千克。豺的头宽，额扁平而低，吻部较短，耳短而圆，额骨的中部隆起，所以从侧面看上去整个面部鼓了起来，不像其他犬类那样较为平直或凹陷。豺的四肢较短，尾较粗，毛蓬松而下垂。豺的体毛厚密而粗糙，体色随季节和产地的不同而异，一般头部、颈部、肩部、背部及四肢外侧等处的毛色为棕褐色，腹部及四肢内侧

豺

为淡白色、黄色或浅棕色，尾巴为灰褐色，尖端为黑色。

豺的分布范围较广，主要是亚洲的东部、南部、东南部和中部等地区，即北起西伯利亚南部，南至南洋群岛各国，西从克什米尔一带的喜马拉雅山地，东达乌苏里江一带，包括俄罗斯、克什米尔、不丹、尼泊尔、缅甸、印度、马来西亚、泰国、印度尼西亚等国家和地区和我国的大部分地区。

豺在我国分为5个亚种：分布于东北黑龙江、吉林地区的是指名亚种；分布于华东、华南和贵州等地的是华东亚种；分布于四川西部、北部以及西藏昌都地区的是四川亚种；分布于喜马拉雅山地区的是喜马拉雅亚种；分布于新疆的是新疆亚种。

豺在各个地区的分布密度均较为稀疏，数量远不如狐、狼等那样多。栖

豺是一种机警的食肉动物

息的环境也十分复杂，无论是热带森林、丛林、丘陵、山地，还是海拔 2500～3500 米的亚高山林地、高山草甸、高山裸岩等地带，都能发现它的踪迹。豺居住在岩石缝隙、天然洞穴或隐匿在灌木丛之中，但不会自己挖掘洞穴。豺喜欢群居，多由较为强壮而狡猾的"头领"带领一个或几个家族临时聚集而成，少则 2～3 只，多达 10～

30 只，但也能见到单独活动的个体。当群体成员之间发生矛盾的时候，也会互相撕咬，常常咬得鲜血淋漓，有时甚至连耳朵也被咬掉。豺平时的性情十分沉默而警觉，但在捕猎的时候能发出召集性的嚎叫声。豺捕猎多在清晨和黄昏，有时也在白天进行。豺善于追逐猎物，也常以群体围攻方式捕食。豺的行动敏捷，善于跳跃，原地可跳到 3 米多远，借助于快跑，能跃过 5～6 米宽的沟壑，也能跳过 3～3.5 米高的岩壁、矮墙等障碍，其灵活性胜于狮、虎、熊、狼等猛兽，接近于猫科动物中最为灵活的猞猁和云豹。

豺的嗅觉灵敏，耐力极好，猎食的基本方式与狼很相似，多采取接力式穷追不舍和集体围攻、以多取胜的办法。它的爪牙锐利，胆量极大，显得凶狠、残暴和贪食。一般把猎物团团围住，一齐进攻，抓瞎眼睛，咬掉耳鼻、嘴唇，撕开皮肤，然后再分食内脏和肉，或者直接对准猎物的肛门发动进攻，连抓带咬，把内脏掏出，用不了多久，就将猎物吃得干干净净。豺虽然偶尔也吃一些甘蔗、玉米等植物性食物，但主要以各

豺食量大且凶狠、残暴

种动物性食物为食，不仅能捕食鼠、兔等小型兽类，也敢于袭击水牛、马、鹿、山羊、野猪等体形较大的有蹄类动物。甚至成群的豺能向狼、熊、豹等猛兽发动挑逗和进攻，把它们赶走，从而夺取它们口中的食物。如果这些猛兽不放弃食物，一场激战便在所难免，但多半是豺获得胜利。虽然单打独斗时豺并非它们的对手，但

豺善于追逐猎物

一群豺在集体行动时，互相呼应和配合作战的能力很强。遇到虎的时候，豺通常并不马上冲上前去夺食，而是耐心地等待虎吃饱后离去，再分享它吃剩的食物。不过，在印度曾经发生过多起孟加拉虎与一群豺为了争食而血战的事情，每次都是在虎咬死、咬伤几只或十余只豺之后，没能冲出重围，终于精疲力竭，倒地不起，被这群穷追不舍的豺活活咬死。因此，可以说在亚洲各地的山林中，只有巨大的亚洲象能够免遭豺的威胁。

豺在秋季交配、繁殖。这时雄兽和雌兽多成对活动。雌兽的妊娠期约为60～65天，产仔则在冬季，每胎产3～6仔，最多为9仔。初生的幼仔披有深褐色的绒毛，1～1.5岁性成熟，寿命为15～16年。

关于豺有很多民间传说

豺在分类学上隶属于哺乳纲，食肉目，犬科，豺属。在《濒危野生动植物种贸易公约》中，豺属仅有1种。豺与狗、狼、胡狼、狐等犬属动物不同，主要区别是它的口中只有40枚牙齿，比犬属动物少2枚臼齿。牙齿的结构反映出它的食性比犬科动物

更偏于肉食。雌兽的乳头为 7～8 对，比犬属动物多 2～3 对。另外，豺还具有体型较小，毛为棕色，四肢很短，耳朵短而圆，吻部也短，额部较低，眼睛的位置较鼻梁低，尾较长而松散，足踵、足垫之间生有长毛等特点，均与犬属动物不同。

豺与狼的外形有些相似

由于大多数人对豺都很陌生，所以自古至今流传着很多有关豺的民间传说，有些把它说得神乎其神，描绘为一种"有翅能飞，专门吃虎"的动物。也有的说它最爱吃猴子，山里的猴群一见到它，就吓得全部伏倒在地，浑身发抖，不敢动弹，乖乖地让它上前一一摸遍猴头，并从中挑选一个最肥的，用尖嘴啄开脑壳，吸食脑浆，其他猴子才悄悄散去。还有的人将豺、狼、虎、豹 4 种凶猛的野兽称为"四凶"，豺被列为四凶之首。更为离奇的是，有人称它为"驱害兽保庄稼的神狗"，能消灭包括狗熊、野猪等各种大大小小的害兽，使它们闻风丧胆，销声匿迹，因而为人类保住大量的粮食，而且还会暗中保护行人安全，使之免遭恶兽之害。当豺发现在山地露宿的人后，甚至会悄悄地在他的周围撒上几滴尿，使各种凶禽猛兽闻到这股尿味就会立即逃之夭夭；如果夜里碰到行人，便悄悄地跟在后面，直到行人回到家中，才转身回到密林。如此种种，真是讲得五花八门、天花乱坠。其实，这只是由于豺的行动十分诡秘，人们对它的了解不多才产生了这些神秘的传说。

豺对人类并没有太大的威胁，但在森林中对麝、斑羚等珍贵动物或经济动物，以及林区的家畜会造成一定危害，所以在很多地区仍把它视为害兽来消灭。不过，它所能猎食的主要是种群中的老、弱、病、残个体，能抑制野猪等食草兽的过度繁殖，维持大自然的生态平衡。

目前，豺的数量正在逐渐减少，有些原产豺的国家或地区，这种动物已经消失，如西伯利亚、蒙古、中亚地区和我国的东北，都已多年不见。我国的华东、华南地区，以及东南亚等地也已经很少见。只有我国的江西、四川、西藏、青海等地，以及由克什米尔到不丹、尼泊尔一带的喜马拉雅山区还有一定数量，成为世界豺的分布中心。我国将豺列为国家二级保护动物。

猞 猁

猞猁又叫做羊猞猁、马猞猁，外形很像猫，但个头比较大。猞猁最明显的特征是两只竖立的耳朵及耳尖上的一簇长毛。它们性格狡猾而谨慎，行动敏捷，善于攀树，会采用巧妙的战术捕获猎物。

猞猁是国家二级保护动物，猞猁的皮毛很珍贵。当人们穿着这样高档的皮毛衣服时，是否会想到那是以我们野生动物朋友的生命为代价的呢？

猞猁外形很像猫

"羊猞猁"个体较大，体毛为灰棕色，背毛的顶端呈青白色，就像在全身敷了一层白色的浮霜。它们身上的斑点颜色较浅，有的呈棕红色，有的不大分明。

长期的捕猎经验告诉猞猁，耐心是至关重要的。猞猁觅食时，总是极有耐心地潜伏在灌木丛、草丛或树上静静等着猎物"自投罗网"，待猎物经过时，再找准时机快速出击，将其捕食。如果没有捕到猎物，它也不会穷追不舍，而是返回原处，耐心等待。

两只猞猁在开心地嬉耍

猞猁会运用一些巧妙的战术与伙伴们合作捕食。比如，一只猞猁捕捉野兔时，另一只会在野兔逃跑的路上埋伏，或

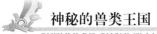
者两只猞猁从猎物的两边包抄。

因为猞猁遭到人类利欲熏心的捕杀，目前，猞猁在自然界的数量日益减少，许多国家已将它列为保护对象，认真加以保护，使它的数量尽快恢复起来。

猞猁的食物

猞猁的主要食物是雪兔等各种野兔，所以在很多地方猞猁的种群数量也会随着野兔数量的增减而上下波动，大致上每间隔 9～10 年出现一个高峰。除了野兔外，它猎食的对象还有很多，包括各种松鼠、野鼠、旅鼠、旱獭和雷鸟、鹌鹑、野鸽和雉类等各种鸟类，有时还袭击麝、狍子、鹿，以及猪、羊等家畜。

鬣　狗

鬣狗外形似狗，站立时肩部高于臀部，其前半身比后半身粗壮。它们脑袋大，头骨粗壮，头长吻短，耳大且圆。它的四肢各具四趾（土狼前肢五趾），爪大，弯且钝，不能伸缩。它的颈肩部背面长有鬣毛，尾毛也很长。体毛稀且粗糙，有斑点或条纹。有肛门腺。它们是哺乳动物，外形略像狗，头比狗的头短而圆，额部宽，尾巴短，前腿长，后腿短，毛棕黄色或棕褐色，有许多不规则的黑褐色斑点。其多生长在热带或亚热带地区，吃兽类尸体。秦牧《长街灯语·鬣狗的风格》："猛兽搏击噬食了长颈鹿、斑马、羚羊以后，继续行进，鬣狗们就一涌

鬣狗外形似狗

上前，嚼食那余下的尸体。"

鬣狗犬齿、裂齿发达，咬力强，是惟一能够嚼食骨头的哺乳动物。它们的感觉器官十分敏锐，尤其是它们的嗅觉和听觉。它们的大耳朵可接收到许多高频率的声音，对许多超声波非常敏感。鬣狗的消化能力极强，吞噬包括骨头等一切东西，拉出的粪便像石灰块，对食物的利用到了极致。

鬣狗身上有许多不规则的黑褐色斑点

常见成群鬣狗抢夺猎豹、狮子的食物。群体数量大时，可以驱赶狮群。

由于其后躯低于前躯，所以它走路和奔跑的姿势不甚优雅，可是跑起来却是相当迅速而且有耐力。它们的奔跑速度可达每小时 50～60 千米，而且能够跑很长的距离却没有倦意。

斑鬣狗见于视野开阔的生境，如长有仙人掌的石砾荒漠和半荒漠草原、低矮的灌丛等。成群活动，每群约 80 只，雄性个体在群体中占优势。性凶猛，可以捕食斑马、角马和斑羚等大中型草食动物。进食和消化能力极强，一次能连皮带骨吞食 15 千克的猎物。善奔跑，时速可达 40～50 千米，最高时速为 60 千米。全年都能繁殖，但雨季为产仔高峰期。妊娠期 110 天，每胎产 2 仔。雄性 2 岁、雌性 3 岁性成熟。它们是目前数量最多的捕食动物，在维持被捕食动物种群数量方面具有作用。它们分布于非洲撒哈拉沙漠以南的较开阔地区，南至南非，除热带雨林地区，是鬣

鬣狗的消化能力极强，吞噬包括骨头等一切东西

狗科中体型最大的一种，也是最著名和捕食性最强的一种，可以成群捕食较大的猎物，是非洲除了狮子以外最强大的肉食性动物，也是非洲惟一能对抗狮群的群体。

斑鬣狗是一种强悍的中型猛兽，它们集体猎食瞪羚、斑马、角马等大中型草食动物，甚至可以杀死半吨重的非洲野水牛，并不是靠吃狮子吃剩的残骸和尸骨果腹生活的弱者。

斑鬣狗是夜行性猛兽，它们白天在草丛中或洞穴中休息，夜间出来四处游荡，到处觅食。它们单独地、成队地或几只一起去猎食，有时 40～60 只一起有组织地对大动物斑马、野牛等进行围猎。

然而，斑鬣狗将猎物捕获之后，在进食中，由于兴奋和争食，会发出一种像人一样"吃吃"发笑的声音，这一声音往往会把狮子引来。于是，悲剧就这样发生了。狮子赶走了斑鬣狗，吃着它们辛辛苦苦捕获的食物，而斑鬣狗自己却在一旁围观、等候。清晨，人们看到这一幕，便错误地下了结论：斑鬣狗专门等着捡狮子没吃完的剩肉。由此看来，斑鬣狗真是深受狮子之害。

斑鬣狗是一种强悍的中型猛兽

当斑鬣狗集体捕获猎物时，它们就会一拥而上，同时撕咬猎物的肚子、颈部、四肢及全身各处。为了防备狮子前来掠夺它们的食物，整个族群的斑鬣狗就一起狼吞虎咽地分享这份大餐。数十分钟内，猎物便被它们分食得干干净净。

斑鬣狗捕食时，根据不同情况，采用不同的战术。斑鬣狗往往在夜间袭击角马群，它们以 40～50 千米的时速追逐 2～3 千米后，冲散马群，迅速围上一只角马，用强大的犬齿咬住角马鼻子、腿或腰部，死死不放，直到角马窒息而死。

对于斑马，斑鬣狗也是依靠集体的力量。在碰到斑马群的时候，它们往往很冷静，缓缓地保持一定距离，在斑马群中穿行，伺机而动。由于雄斑马有很强的抵抗能力，而且拼命地保护母斑马和小斑马，所以斑鬣狗得手的机会不是很多。然而，一旦有老弱斑马单个落入它们的包围圈，生还的机会很小。

斑鬣狗群体生活，一个群体大到上百只，小到十几只，每群的首领是一个体格健壮的雌性斑鬣狗。斑鬣狗的社会组织等级森严，觅食时"母首领"总能得到一块最大、部位最好的肉食，而且这是理所当然的。因此，有人称斑鬣狗群是母系社会。

斑鬣狗集体猎食

每个斑鬣狗群都有自己的巢穴。洞口野草丛生，洞内四通八达。每群斑鬣狗都有自己的势力范围，一般为 20 平方千米左右。它们严守自己的势力范围，不容别的斑鬣狗群侵犯。如有越界现象发生，双方就会相互对峙，甚至发生冲突，但这种武斗并不多。

斑鬣狗在群体生活的前提下，有相当大的自由，经常独来独往，单独狩猎，自己吃食。群体的成员往往不是长时间在一起。一旦它们重逢，又理所当然地以集体一员的身份行事，以此体现它们的社会合群性。

当两只性别不同的斑鬣狗碰到一起时，雄性总让雌性走在前面。如果只有一块肉，雄的会把它留给雌的。此外，雌性个体比雄性个体重很多，平均可多出 6.6 千克。

在群体中，不管雄性或雌性的成年斑鬣狗在受到刺激时都以张开肛门、排出肛门腺分泌物的方式来标示领域。

当一群斑鬣狗追逐猎物到另外一群斑鬣狗的地盘上以后，如果对方的数目较多，这群斑鬣狗会把所猎得的猎物让给对方。一旦斑鬣狗离开自己地盘1000 米以外，它们就会失去安全感。

斑鬣狗在一起时，好像一群嬉戏的孩子，吵吵嚷嚷，异常热闹。它们用耳朵、尾巴互相传递信息，不停地用叫声互相联系。它们有时高声咆哮，有时爽朗地大笑，有时低声地哼哼，有时吃吃地低笑，声音可传到几千米外。夜深人静时，斑鬣狗发出一种尖厉、阴森的叫声，比狮吼更令人毛骨

小斑鬣狗

悚然。

斑鬣狗的妊娠期为110天，平均每胎生2只，通常在洞穴内生产。刚出生的小斑鬣狗重约1.5千克。刚出生时它们已经能睁开眼睛，其毛呈单一深褐色。小斑鬣狗只有在自己母亲叫唤时才会离开洞穴，它们对自己母亲的声音非常熟悉。约一个半月以后，小斑鬣狗的鬃毛上开始渐渐浮现斑点。

4个月以后，它们就有和成年斑鬣狗一样的斑点了，但它们足底部深色的部分还需维持较长一段时间才会出现这样的斑点。

斑鬣狗的哺乳期持续相当长的时间，大概是12～16个月。每只母斑鬣狗有4个乳房，专门用来哺育子女们。小斑鬣狗惟一的食物便是母乳，慢慢地它们再吃一些成年斑鬣狗为它们衔回来并放在洞穴四周的肉块。当这些小斑鬣狗身体长到快和成年的斑鬣狗一样时，它们才开始断奶，但距离性成熟还需要好几个月。

另外，在哺乳动物中，鬣狗是雌雄同体比率比较高的一种生物，大概有1%的概率，出生的小鬣狗是雌雄同体的。这并不影响他们的发育，对于这些鬣狗来说，决定他们性别的惟一因素，是他们的第一次性交。如果他们和雌性性交，将来就会成为正式的雄性，反之则会成为雌性。

在非洲大草原，它可以跟狮子较量

鬣狗的种类

斑鬣狗

身长 95 ~ 160 厘米，尾长 25 ~ 36 厘米，重 40 ~ 86 千克，雌性个体明显大于雄性。毛色土黄或棕黄色，带有褐色斑块。短、无鬣毛；上额犬齿不发达，但下颌强大，能将 9 千克重的猎物拖走 100 米。

棕鬣狗

头躯干长 110 ~ 135 厘米，尾长 18.7 ~ 26.5 厘米，肩高 64 ~ 88 厘米，体重 37 ~ 47.5 千克，雄性体型较雌性略大。有一对尖耳朵，毛长，呈深棕色，头部为灰色，颈部及肩部为黄褐色，四肢的下方为灰色，有深棕色的环纹，背上的鬣毛明显。

缟鬣狗

体长约 90 ~ 120 厘米，不包括 30 厘米长的尾巴。体重 25 ~ 55 千克。脚上只有 4 个趾，前肢比较长，脚爪不能握紧。颚和牙齿特别强健，可以咬碎大骨头。有时群居，有时独居，白天和黑夜都可以活动。

土 狼

体长 55 ~ 80 厘米，尾长 30 厘米左右，较为温和，最喜捕食白蚁。

温和的食草类动物

WENHE DE SHICAOLEI DONGWU

在植食性动物中，称摄食草本植物的动物为食草动物。以植物为主要食物来源的动物，如牛，羊，马，鹿等。对植物性食物的适应变化包括：反刍动物的四室胃，啮齿动物不断生长的门齿，牛、绵羊、山羊和其他牛科动物的特化的用以磨食的白齿。某些食草动物为单食性，如树袋熊仅食桉属植物的叶，但绝大多数食草动物至少食几种食物。

桀骜不驯——野牛

野牛是脊索动物门、哺乳纲、偶蹄目、牛科动物。野牛体型巨大，体长200厘米左右，体重1500千克左右。两角粗大而尖锐呈弧形。头额上部有一块白色的斑。

野牛栖息于热带、亚热带的山地阔叶林、针阔混交林、林缘草坡、竹林或稀树草原。结小群在森林中活动，通常每群10余头。一般在晨昏活动，也有的在夜间活动，白天则在阴凉处休息。嗅觉和听觉极为灵敏，性情凶猛，遇见敌害时毫不畏惧。

发现有人接近，会迅速逃走。只有在被人射杀受伤或被逼走投无路时，才会变得凶狠，对人进行攻击。以啃食各种草、树叶、嫩枝、树皮、竹叶、竹笋等为食。

亚洲野牛是世界上现生野牛中体型最大的种类。在森林中，几乎没有动物可以伤害它。

非洲野牛是非洲上最成功的食植动物。它生活在沼泽，非洲的平原以及mopane草场和森林的主要山脉。水牛可从居住在最高山脉海拔地区，喜欢栖息在被植物密集覆盖的地方，如芦苇和灌木丛。也被发现在开放的林地和草地生活。

每年都传出非洲野牛杀伤成倍的人的消息。非洲水牛每年杀死的人数要比其他任何动物杀死的都多。

除了人类以外，非洲野牛一般没有天敌。狮子会定期吃野牛，但它通常需要多个狮子推翻一个成年野牛，只有成年雄性狮子才可以独自猎杀水牛。除了狮子外，尼罗河鳄鱼也会攻击年老和年轻的野牛。另外，豹鬣狗也是一种威胁，不只有新生犊牛被猎杀，发现已记录鬣狗杀死公牛的纪录正在全面增长之际。

大多数牛 2 ~ 5 岁时性成熟，每年 9 ~ 12 月发情交配，此时公牛变得异常凶猛，争偶行为十分激烈，难免发生格斗。在格斗中，双方以坚硬的角作为武器，互相剧烈撞击，并发出大声吼叫，其声音可以传到 1 千米以外。母牛孕期一般为 9 个月左右，每胎一仔，幼仔出生半个月后便可随群体活动，第二年夏季才断奶。牛的寿命约为 15 ~ 30 年。

欧洲野牛

欧洲野牛分两种，一种是高加索野牛，现在已经全部灭绝了；一种是波兰野牛，现在只有人工饲养繁殖的，野生的也已经灭绝了。

高加索野牛体型巨大，包括尾巴在内全长 3.6 米，高 2 米，体重超过 1吨。它生活在高加索的山上，十分擅长攀登陡峭的山崖。它的后腿既长又强健，头部长着美丽的犄角，它的毛比别的野牛毛要短，但毛色要明亮一些。高加索野牛以俄罗斯森林中的草、羊齿叶、树皮、野果等为食，同北美洲野牛一样结群一起迁移，不同的是，高加索野牛常常是 10 头左右，以家庭为单位分散在森林里。它夏天产崽，但是一两年才能够产一只小野牛，出生率较低。

从中世纪起，人类开始开垦森林，大量捕杀高加索野牛，致使高加索野

欧洲野牛头部长着美丽的犄角

牛数量锐减。到了 1820 年，高加索野牛只剩下 300 头了，它们孤独地生活在一片森林里。在第一次世界大战之前，高加索野牛被看做是宫廷的宠物、帝国的象征而备受保护。1914 年，苏维埃革命爆发，这些野牛失去了皇家的保护，成为仇杀的对象。大革命后，只剩下一头叫"考卡萨斯"的高加索雄性野牛，当时它属于德国动物商卡尔·哈根贝格。1925 年 2 月 26 日，这头孤独的公牛死于汉堡，从而宣布了高加索野牛的覆灭。

波兰野牛是当时野牛家族中体型最大的野牛，它体长 2.1 ~ 3.6 米，肩高 2.3 ~ 2.8 米，最大的雄性体重可达 1500 千克。波兰野牛与现存美洲野牛相比，毛更短，但性情比美洲野牛暴躁，警惕性也更强。波兰野牛不像美洲野牛居住在草原上，而是生活在树林中，一般结小群生活。

波兰野牛生活在树林中，一般结小群生活

19 世纪中期，波兰野牛被大量捕杀，仅剩几千只，并且全部生活在俄、波边界地区的比亚沃维耶扎。1918 年，野生的波兰野牛全部灭绝。幸运的是，由于过去沙皇宫廷曾把一些欧洲野牛作为礼物送给外国，这时在世界各国动物园内尚存 45 只人工饲养的波兰野牛，并在以后繁殖成功，发展壮大，并恢复起真正的野生种群，在波兰东北部的巴洛维沙森林中生息繁衍。

美洲野牛

美洲野牛是美洲的特产野生动物，由于它身披长毛，所以又被称为美洲毛牛。美洲野牛体长 3 ~ 4 米，体重达 1000 千克，是北美洲最为凶悍的动物，它头顶锋利双角，即使面对最富攻击性的捕食动物，也毫不退缩。虽然它身躯笨重，但奔跑时速度却很快，时速可达 48 千米。美洲野牛的活动范围十分广阔，从阿拉斯加沿加拿大经美国，直至墨西哥边境，都有美洲野牛分布。

欧洲人到达美洲以前，这里生存着大群的野牛，多达 6000 万头，最大的牛群可宽达 40 千米，长达 80 千米，牛群庞大的场面恢宏壮观。有一篇文章记述当时有两名美国军官，从东部骑马前往西部，途中遇到一群野牛，他们守候了 3 天 3 夜，整个牛群才完全通过。可见当时野牛之多，到了难以计数的地步。

美洲野牛是北美洲最为凶悍的动物

可是自从白种人移民美洲，尤其是在美国西部大肆扩张以后，草原上的野牛，就成为他们狩猎的目标。许多人射杀野牛，仅仅是为了好玩，打死的野牛，成堆弃于荒野，任凭腐烂。到 1889 年，美洲野牛只剩下 500 余只，到 1903 年则只剩下 21 头，绝种的命运已经降临。好在美国政府及时醒悟，把野牛置于国家保护之下，使其得到繁衍生息。现在，在北美一些国立公园中大约生存着 3 万头美洲野牛。

欧洲野牛与美洲野牛的区别

美洲野牛和欧洲野牛都是体型庞大的牛科动物。这两种动物的外形大体相像，体型大小也差不多，但它们之间还是有不少差别。

欧洲野牛比美洲野牛性情更暴躁

欧洲野牛略高一些，美洲野牛却显得更为肥壮；美洲野牛的头部比欧洲野牛大，非常突出，而角却比欧洲野牛小，欧洲野牛的角比较细长；美洲野牛的额毛长而下垂到鼻骨，而欧洲野牛的额毛较短或没有；美洲野牛的两耳为黑色，而欧洲野牛的两耳不黑；美洲野牛的肩部突然高高隆起呈一个大包，而欧洲野牛肩部缓慢地向上隆起；美洲野牛的臀部较欧洲野牛的低很多；美洲野牛的尾巴比欧洲野牛的尾巴细，尾毛也比较少；美洲野牛的体毛粗而厚，呈栗棕色，欧洲野牛的体毛呈暗棕色。

印度野牛

印度野牛也叫野牛、野黄牛、白肢野牛，产于亚洲南部和东南部一带，在我国分布于云南南部。它以体躯巨大而著称，是现生牛类中体型最大的一种。雄性体长为 2.5～3.3 米，肩高 1.65～2.2 米，尾长 0.7～1.05 米，体重

650～1000千克，雌性比雄性小。

印度野牛的头部和耳朵都很大，眼睛内的瞳孔为褐色，但透过反光，常呈现出蓝绿色。鼻子和嘴唇呈灰白色。额顶突出隆起，肩部隆起向后延伸至背脊的中部，再逐渐下降。雄兽和雌兽均有角，但雌兽的角较小。体毛短而厚，毛色随着年龄和性别的不同而有差异，成年

印度野牛

雄兽近于黑色，雌兽呈乌褐色，幼崽则是淡褐色或赤褐色。尾巴很长，末端有一束长毛。印度野牛有一个非常明显的特征，即它的四肢下半截都是白色的，就像是穿了白色的长筒袜似的，所以被叫做白肢野牛，在产地更是被形象地称为"白袜子"。

印度野牛奔跑速度很快

印度野牛主要栖息在热带、亚热带的山地森林和草原中，活动范围较广，过着游荡的生活，没有固定的住所。它以野草、嫩芽、嫩叶等为食，特别喜食嫩竹和笋，也常常舔食盐碱，通常在早晨和黄昏时活动觅食，白天则躲在密林深处进行反刍和休息。

印度野牛喜欢群居，但群体不大，每群20～30多只不等，以雌兽、幼崽组成，其中有一只体型较大的雌兽为首领。印度野牛虽然躯体十分笨重，但在受惊逃跑时却非常迅速。成年雄牛在一年的大部分时间里是独自栖息，或仅有2～3只在一起同栖，仅在发情期回到群体中生活，交配之后再离开。它的听觉和嗅

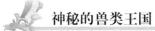

觉都非常灵敏，在密林之外迎着风也能闻到 350 米以外的气味。在自然界中，它的天敌只有凶猛的孟加拉虎，但它也不敢招惹体大力强的成年印度野牛，而只能伺机袭击幼崽。

爪哇野牛

爪哇野牛产于亚洲的缅甸、马来西亚、泰国以及印尼的爪哇、加里曼丹、巴厘等地。爪哇野牛全长约 2

爪哇野牛

米，肩高 1.5 米，体色与印度野牛很相似，因此也有人叫它"白袜子野牛"。但它与印度野牛的最大区别是有一块白色臀斑，因此很容易辨别它们。

爪哇野牛以青草及嫩竹等植物为食，非常耐渴，能很长时间不喝水。它们喜欢生活在树林中，常成群结队一起生活，一般每群 10～30 只。但也常有个别单独生活的雄牛，它是被群体赶出来的。爪哇野牛白天在密林深处休息、睡觉，夜间活动，一边游荡一边觅食。在休息时它们总是卧成一个圆圈，由一只成年母牛站立着担负警戒任务。一遇危险，它便使劲地跺一下脚，牛群于是迅速奔跑起来逃避危险。

爪哇野牛以青草及嫩竹等植物为食

爪哇野牛性情胆小怯懦，从不主动攻击人，也很少到山下侵害庄稼。一般在旱季交配，每年 8～10 月间产崽，每胎只产 1 崽。

野牦牛

野牦牛别名牦牛，是我国青藏高原的特有物种，分布于西藏、新疆南部、青海、甘肃西北部和四川西部等地，属于国家一级保护动物。野牦牛因为叫声似猪嚎，所以又被称为"猪声牛"，藏语中称为"吉雅克"。

野牦牛

野牦牛的体型大而粗重，比印度野牛略小，体长 2～2.6 米，尾长 0.8～1 米，肩高 1.6～1.8 米，体重 500～600 千克。它的体毛多为暗褐黑色，长而丰厚，尤其是颈部、胸部和腹部的毛，几乎下垂到地面，形成一个围帘，如同悬挂在身上的蓑衣一般，可以遮风挡雨，更适于爬冰卧雪。尾巴上的毛上下都很长，如同扫帚一般。肩部中央有凸起的隆肉，腹部宽大。雌雄兽头上都有角，角尖略向后。

野牦牛是典型的高原动物，生活于海拔 3000～6000 米的高原地带，冬季到海拔稍低的地方寻找食物，夏季又回到高山地带。它们以针茅、苔草、莎

野牦牛是典型的高原动物

草、蒿草等高山寒漠植物为食，主要在夜间和清晨出来活动觅食，白天则进入荒山的峭壁上，站立反刍，或者躺卧休息、睡眠。野牦牛性喜群居，常七八头、数十头、上百头结成一群。但年老的雄兽则性情孤独，夏季常离群而居，仅三四头在一起。野牦牛的嗅觉十分敏锐，有危险时，雄牛首当其冲，护

卫群体，而将幼崽安置在群体中间。

每年 9～11 月，野牦牛开始发情交配。这时雄牛变得异常凶猛，经常发出求偶叫声，争偶现象十分激烈。有些雄牛还会下山闯入家牦牛群中，与雌性家牦牛交配，甚至把雌性家牦牛拐上山去。雌牛的怀孕期为 8～9 个月。次年 6～7 月份产崽，每胎产 1 崽。幼崽出生后半个月便可以随群体活动，第二年夏季断奶，3 岁时达到性成熟，寿命为 25 年左右。

白牦牛

天下牦牛多为黑色和杂色，而在甘肃天祝，却生活着一种罕见的全身都

为白色的白牦牛。白牦牛是世界珍贵的畜种，享有"草原白珍珠"和"祁连雪牡丹"的美称，其肉、乳、皮、毛、绒、尾、骨系列产品都在国际市场上走俏，拥有广阔的市场前景，白牦牛因此被牧民群众誉为"神牛"。"天下白牦牛，惟独天祝有"，白牦牛成为天祝高原奉献给人类的一件稀世珍宝。

白牦牛

誉有"雪域之舟"的白牦牛

身体高大，毛长且密，自古以来是藏族农牧民的主要工具。作为生产畜力使役，它比其他耕畜更能吃苦耐劳，即使整日不停歇地干活，也毫无疲倦之意。牦牛经过长期驯化锻炼，具有相当强的抗寒本领和耐饥能力。在海拔 3000 多米、气温降至摄氏零下 30 多度的高寒冰山雪原上，它驮着200 多斤重的货物，可以连续跋涉近 30 天，一路上履冰卧雪，风餐露宿，即使雪霜盖身，冰凌结体，依然泰然自若，精神抖擞，昂首阔步，因而被誉为"雪域之舟"。它对主人很忠诚，当主人乘骑它的时候，它行走得平

平稳稳；遇到严寒袭击，它就让主人偎倚到它那毛茸茸的腹下，取暖御寒。

阿尔塔米拉野牛

1879 年的夏天，西班牙考古学者桑图拉（一位当地的绅士）发现了阿尔塔米拉洞窟。他是第一个把该洞窟岩画的年代确定为旧石器时代的人。但遗憾的是，他这个有历史意义的重大发现，直到到 20 多年以后才被人们接受。

1879 年，桑图拉带着小女儿再次来到阿尔塔米拉山洞寻找古代遗物。他专注于在地下发掘，无事可做的小玛丽雅东张西望，突然惊叫"爸爸看，这里有牛！"当父亲抬头顺着女儿的手指望向崖壁面时，发现洞顶和壁面上画满了红色、黑色、黄色和深红色的野牛、野马、野鹿等动物。其中最重要的是画在洞顶上的，长达 15 米的群兽图，共有 20 多头，动物的身长从 1 米到 2 米多。

阿尔塔米拉洞窟中的旧石器时代野牛图

画法是先在洞壁上刻出简单而准确的轮廓，然后再涂上色彩。另外，生动有力的线条以及控制得很好的光影，加上善于利用洞壁的凹凸，原始画家创造出了极富立体感的形象。

洞窟中除了一些非常写实的动物作品之外，还有许多抽象的图形。在大壁画中的动物形象的旁边有许多的划道和图形符号，有用浓重的红色画出来的，并且相当大。这种抽象的符号和图形同样存在于欧洲所有的旧石器时代的洞窟壁画中，可能都是体现原始人类企图征服野兽的愿望，与狩猎的巫术有关。

窟顶画中有两只负伤的野牛（受伤的野牛），它们的身躯卷缩成一团，外轮廓被处理为稳定的三角形状。而在细节方面，诸如抽搐的四蹄、甩动的尾

阿尔塔米拉野牛

部、斜刺如剑的双角、直竖的耳朵，都采用寓动于静的手法，把野牛处于生命的最后时刻，困兽犹斗的特点表现得惟妙惟肖。野牛倒在地上两腿无法站立起来，却低着头来保护自己，也是极为生动的一个画面，表现了动物的尊严与力量，及它为生命最后一刻的挣扎。由此，原始艺术家敏锐的观察力，以及有活力的艺术表现手法，都一一得以体现。

这幅洞窟壁画发现于西班牙的阿尔塔米拉山洞，这个山洞位于山坦德以东30公里的一个叫做山梯拉纳的地方。它是保存着史前绘画的一个最著名的洞窟，又是西班牙北部海岸地区史前艺术的荟萃之地。《野牛》是其中不多的几个精彩作品之一，也是整个洞窟中保存最好的形象之一。这些野牛的形象都分布在洞窟的顶部，而且在深达300多米的大洞穴中，没有照明根本无法观察。绘制这些野牛用的颜料是用动物的脂肪和血调和的；色彩为赭色略泛

阿尔塔米拉野牛

红，在靠近轮廓线部位用黑色擦出立体感，轮廓线用的线刻又浅又淡，很有表现力，令观者不得不惊叹于原始艺术所焕发出的这种隽永的魅力和美感。

但阿尔塔米拉洞窟内发现的大量洞顶壁画，不是纯娱乐性的，据考证，这是一种为了狩猎生存所需的巫术活动。虽然原始人类制作此类形象不一定是以欣赏为目的的，但也不能忽视体现在制作过程中的那种审美意识，他们在排列动物时，局部地方的巧妙构思，都反映出他们主观的审美意图。

温顺乖巧——羊

羊又称为绵羊或白羊，哺乳纲、偶蹄目、牛科、羊亚科，是人类的家畜之一。有毛的四腿反刍动物，是羊毛的主要来源。原为北半球山地的产物，与山羊有亲缘关系；不同之处在于体形较胖，身体丰满，体毛绵密。头短。雄兽有螺旋状的大角，雌兽没有角或仅有细小的角。毛色为白色。

牛科除了牛亚科的牛族统称为牛，羊亚科的羊族统称为羊外，其他多统称为羚羊。

羊族有4属，均是一些非常适应山地生活的动物。绵羊属是分布最广的羊，在欧亚大陆和北美洲的山地都能见到，以角大而成螺旋形为特征，其中家畜绵羊因出产羊毛而被广泛饲养，亚洲中西部的赤盘羊可能是家畜绵羊的野生祖先，我国产的盘羊则是绵羊属体型最大的一种。

山羊属以嘴下有须为特征，主要分布于欧亚大陆的山地，另有西敏羊分布于非洲埃塞俄比亚，是非洲仅有的两种野羊之一，数量非常稀少。西敏羊常被当做是羊的亚种，羊又称北山羊，分布广泛，我国西北也能见到。家畜山羊比绵羊更能忍受恶劣的环境，被传播到世界各地，其祖先可能是中近东一带的野山羊。

非洲的另一种亚羊是蛮羊，是蛮羊属的惟一代表，分布于北非，雄羊颈下有长须。

有两属野羊是亚洲的特产，岩羊属有2种，岩羊分布于我国西南部和西北南部及中亚一些山地，倭岩羊是较新承认的种，特产于我国西南。塔尔羊属有3种，雄性身披长毛，分布于南亚和西南亚的山地，其中喜马拉雅塔尔羊也见于我国西藏最南部。

中国的国宝小尾寒羊

中国的国宝小尾寒羊是我国绵羊品种中最优秀的品种。被国内外养羊专家评为"万能型"、誉为"中华国宝"。

个体高大，体型结构匀称，毛白色、鼻梁隆起，耳大下垂，脂尾呈圆形，尾尖上翻，尾长不过飞节；胸部宽深，肋骨开张，背腰平直，体躯长呈圆筒状，四肢高，健壮端正。公羊头大颈粗，有螺旋形大角，母羊头小颈长，多数有角，后躯发达。

具有成熟早，早期生长发育快，体格高大，肉质好，四季发情，繁殖力强，遗传性稳定等特性。

黄　羊

黄羊又叫黄羚、蒙古原羚、蒙古瞪羚、蒙古羚等，因为它实际上并非羊类。它的体形纤瘦，但比藏原羚和普氏原羚大，也略显粗壮，体长为100～150厘米，肩高大约为76厘米，体重一般为20～35千克，但最大的可达60～90千克。头部圆钝，耳朵长而尖，并且生有很密的毛。具有眶下腺，与藏原羚和普氏原羚不同。雄兽长在额骨上的角较短而直，呈竖琴状，基部大致向上平行伸出，表面有明显而紧密的环形横棱，环的数目最多不会超过23个，尖端平滑，略微向后方逐渐斜向弯曲，呈弧形外展，最后两个角尖彼此相对。角的内部为骨质，外面是表皮角质化形成的角鞘。雌兽没有角，仅有一个隆起。颈部粗壮，尾巴很短，仅有9～11厘米。夏毛较短，为红棕色，腹面和四肢的内侧为白色，尾毛棕色。冬毛密厚而脆，但颜色较浅，略带浅红棕色，并且有白色的长毛伸出，腰部毛色呈灰白色，稍带粉红色调。臀部有白色的斑，不算大，但十分明显，尤其是冬季。它的四肢细长，前腿稍短，角质的蹄子窄而尖。

黄羊栖息于半沙漠地区的草原地带，一般避开高山或纯沙漠地区，只是偶尔才到高山或者峡谷地带，但从不进入沙漠之中。黄羊性喜群栖，集群的时间比较长，移动的距离和范围也大，一般随着牧草的生长情况而游动。冬季时南移到达杂草草原的边缘和南方的荒漠草原，但不会越过长城以南。它主要是以枯草、积雪来充饥和解渴。在休息的时候，通常先用蹄子把积雪刨开，形成浅坑，然后群体成员聚拢在一起，卧在其中。如果是在十分寒冷的白天或者风雪交加的夜晚，更是彼此紧靠，缩成一团。到了春季，群体又逐渐向北方移动。夏季通常于清晨和下午进行觅食活

黄羊性喜群栖，集群的时间比较长

动，并且常到有盐碱结晶的咸水湖畔去舔食，这时的食物有长芒、针茅、多须葱等杂草和锦鸡儿等灌木，以及蒿类、猪毛菜和豆类等，取食场所常有雁类等水禽在其身边活动，彼此和睦相处。它很耐渴，有时可以几天不喝水。中午喜欢分散成小群静卧，进行反刍。秋季，各个家族汇集成一个大群，有时可以多达数千只，浩浩荡荡地进行迁移，通常有一只有经验的雄兽在前面带路，其余的个体便一只跟一只组成一列纵队，有条不紊，依次行进。

黄羊善于跳跃也善于奔跑，
最高时速为 90 千米/小时左右

黄羊善于跳跃，高度可达 2.5 米，平地一个纵跳可达 6~7 米远，下坡时甚至能跳到 13 米远。它也善于奔跑，最高时速为 90 千米/小时左右。如果以 75 千米/小时奔跑，则可以持续 1 小时之久，在原野上时而直线前进，时而来回横窜，尤其喜欢在草原上奔驰的马匹和汽车面前飞越而过，所以在牧区有这样的俗话："黄羊窜一窜，

马跑一身汗",真是一点也不夸张。由于奔跑的本领十分出众,再加上各种感觉都十分灵敏,所以发现远处的天敌后并不害怕,往往先凝视一阵,然后奔跑一段距离,复又站住,回过头来观察一番,再飞速奔逃,转瞬之间就消失得无影无踪。狼是黄羊的主要天敌,能沿着黄羊的足迹不停地追赶,虽然奔跑的速度比不上黄羊,但可以袭击因老弱病残等原因而落伍的个体。此外,狐狸、猞猁等中大型食肉兽类和雕类等大型猛禽也会捕食黄羊的幼仔。

　　黄羊的雄兽在繁殖期到来之前首先单独组成群体,与雌兽分开活动,到晚秋和初冬时的交配季节再回到大群中。此时雄兽十分兴奋,脖子胀得又粗又大,常低着头部乱奔乱窜,拼命地追逐雌兽。雄兽在争夺配偶时常用"啊卡、啊卡"的嘶叫声威胁对方,这种声音十分洪亮,在草原上可传播到几千米远。不过,它们的角斗却并不激烈,一旦对手败退而被逐出时就会戛然而止,不会出现因争斗而死亡的现象。到了 5 ~ 6 月份,黄羊群体大多移居到水草丰盛的地区。7 月初,怀孕的雌兽便单独生活,然后在较为稀疏的灌木林中分娩,每胎产 1 ~ 2 仔,偶尔为 3 仔。

黄羊嗅觉感觉都很灵敏

刚出生的幼仔,被雌兽舔干了身体就能站立起来,生 3 日后就可以随着雌兽疾速奔走,时速为 40 千米/小时左右,2 ~ 3 个月后即能以最高速度奔跑,时速竟能达到 80 ~ 90 千米/小时。雄性幼仔在 4 ~ 5 月龄时,就在额骨的顶部长出短小的角,到冬季时长度已经有 1 ~ 2 厘米,呈黑色,直立而光滑,没有圆环,而且被头顶上的长毛所遮盖。1 ~ 2 岁达到性成熟时具有 6 ~ 10 个环纹,以后环纹逐渐增多。它的寿命为 7 ~ 8 岁。

　　黄羊在分类学上隶属于偶蹄目、牛科、原羚属。原羚属中共有 3 种,即黄羊、普氏原羚和藏原羚，在我国均有分布。它们与薮羚、岩羚、瞪羚、牛羚等通称为羚羊类，是一个非常庞大的类群，主要特点是体形小而轻捷，蹄形尖细，适于奔走，吻鼻部正常，上方没有凹槽，仅雄兽头上有角等。羚羊类的祖先是牛科中出现最为久远的。在2500万～1200万年前的中新世时出现在欧亚大陆上，而现生的种类则有95%栖息在非洲，其余的生活在亚洲的干燥地带。

藏羚羊

藏羚又叫羚羊、藏羚羊、长角羊、独角兽、一角兽等，体形也与黄羊相似，但比黄羊大，也显得健壮。体长为117～146厘米，尾长15～20厘米，肩高75～91厘米，体重45～60千克。通体的被毛都非常丰厚细密，呈淡黄褐色，略染一些粉红色，腹部、四肢内侧为白色，雄兽的面部和四肢的前缘为黑色或黑褐色。头部宽而长，雄兽的吻部粗壮多毛，上唇宽厚，没有眶下腺。鼻部肿胀而略微隆起，鼻腔宽阔，向两侧呈半球状鼓胀，鼻端被毛，鼻孔较大，略向下弯。每个鼻孔内还有1个小囊，其作用是为了帮助在空气稀薄的高原上进行呼吸，以利于快速奔跑。四肢强健而匀称，蹄子侧扁而尖。尾巴较短，端部尖细。鼠蹊部有2个对称的皮囊状鼠蹊腺，非常发达，能分泌有香味的黄褐色分泌物。雌兽没有角。雄兽有角，角形特殊，有20多个明显的横棱，细长似鞭，乌黑发亮，从头顶几乎垂直向上，仅光滑的角尖稍微有一点向内倾斜，长度一般为60厘米左右，最长纪录是72.4厘米，非常漂亮。因为两只角长得十分匀称，由侧面远远望去，却好像只有一只角，所以被称为"独角兽"或"一角兽"。

藏羚栖息于海拔4600～6000米

藏　羚

藏羚性情胆怯，常隐藏在岩穴中早晨和黄昏出来活动

的荒漠草甸高原、高原草原等环境中，尤其喜欢水源附近的平坦草滩。性情胆怯，常隐藏在岩穴中，或者在较为平坦的地方挖掘一个小浅坑，将整个身子匿伏其内，只露出头部，既可以躲避风沙，又可以发现敌害。早晨和黄昏出来活动，到溪边觅食禾本科和莎草科的杂草等。平时多结成 3～5 只，或者 10 只左右的小群活动，逃逸时雄兽在前，依次跟随，很有次序。但有时会突然出现发疯似的狂奔乱跳，这是因为有蝇蛆钻入了它的身体内。它的宽大的鼻腔有利于呼吸，所以能在空气稀薄的高原上奔跑，时速可达 80 千米/小时，常使狼等食肉兽类望而兴叹。另外，当狼突然逼近的时候，藏羚群体往往并不四散奔逃，而是聚在一起，低着头，以长角为武器与狼对峙，也常常使狼无从下手，只得作罢。

　　藏羚在分类学上隶属于牛科、藏羚属。藏羚属仅有 1 种，它与高鼻羚羊、羊羚类、羊牛类、绵羊类、岩羊类、山羊类、半羊类等通称为羊类，共同特点是体形比羚羊类较大而粗重，蹄形较宽钝，吻鼻部的上方鼓胀或有凹槽，一般雄兽和雌兽均有角，如果仅雄兽有角，则角的形状几乎笔直。

藏羚生活在我国西藏可可西里

位于青海省境内的可可西里地区，地处青藏高原西北部腹地，夹在昆仑山与唐古拉山之间，是我国最大的无人区，也是最后一块保留着原始状态的自然之地，总面积为 9 万平方千米，平均海拔在 4600 米以上。这里气候恶劣，常年大风，最大风速可达 20～28 米/秒，年均气温为 -4℃，含氧量仅为内地的 50%，因为高寒、乏氧、人迹罕至，被称作"无人区"。

可可西里在蒙语中是"美丽的少女"的意思，远远望去，海拔 6860 米的昆仑山布喀达坂峰是她高昂的头颅，硕大的冰川构成了她不朽的筋骨，可可西里山和冬布勒山则是高耸的乳峰，点缀在山地间的 3 个宽谷湖盆带上的几百个湖泊，恰似姑娘身上镶嵌着的串串珠宝，由格拉丹东冰峰流下的沱沱河、孕尔曲和楚玛尔河汇成了她的血脉，而天上的飞禽与地上的走兽则是她生命中的精灵，使这片人类的"生命禁区"呈现出勃勃生机。

藏　羚

据统计，在可可西里星罗棋布的湖泊中，面积大于 1 平方千米的就达 107 个，湖泊周围都有较好的草场，为数量众多的野生动物的栖息提供了条件，成为它们生息的乐园。目前已知的就有哺乳类动物 16 种，鸟类 30 余种，其中青藏高原特有的雪豹、西藏野驴、野牦牛、藏羚、金雕、胡兀鹫等均为国家一级保护动物。

盘 羊

盘羊又叫大头羊、大角羊、大头弯羊、亚洲巨野羊等，是体形最大的野生羊类，在我国古代则叫做蟠羊，"盘"与"蟠"两个字读音相同，意思也相近，即弯曲盘旋之意，都是指盘羊雄兽头上的那一对粗壮的弯角，因为这正是它最为突出的形态特征，与阿拉斯加大驼鹿的角和北美洲落基山区的大马鹿的角同称为世界传统狩猎动物珍品中的三绝。它的体长为 130～160 厘米，尾长 7～15 厘米，肩高 110～125 厘米，体重 100～140 千克，最重可达

盘 羊

200 余千克，雌兽较小。雄兽和雌兽均有角，雄兽的角白头顶长出后，两角略微向外侧后上方延伸，随即再向下方及前方弯转，角尖最后又微微往外上方卷曲，故形成明显螺旋状角形，有的盘曲程度甚至超过 360°，角的基部一段特别粗大而稍呈浑圆状，至角尖段则又呈刀片状，角的外侧有明显的环棱，从角的根部至角的尖端长度通常为 80～90 厘米，也有的达到 150 厘米以上。雌兽的角较为简单，短小而细，弯度不大，形似镰刀状，长度不超过 30～35 厘米。四肢稍显短小，尾巴更是极为短小，因此不很明显。脸颊、额部、颈部及两肩呈浅灰棕色，耳内为白色。通体毛粗硬而短，唯颈部的毛较长而密，一般上体及体侧的毛呈暗棕色或褐灰色，头部、颈部和肩部的毛色更深，喉部、胸部和腹部为黄棕色，四趾内侧、下腹部及鼠蹊部为污白色，臀部有白斑，即白色臀盘，延至后肢的后侧。尾巴上的毛为灰棕色，中部有一条浅褐色中线。有眶下腺及蹄腺，乳头 1 对，位于鼠蹊部。

盘羊的头骨的整个轮廓为前窄后宽，从背面看上去颇似一个三角形，显得很短，所以雄兽的 1 对巨角与头骨显得很不相称。鼻骨也较短，前端尖细，后部钝圆。眼眶突出，封闭完整，泪窝大而深凹。眼面部分宽阔，枕

盘羊又叫大角羊

部几乎垂直向下。牙齿呈高齿冠型，上、下前臼齿均分别小于上、下臼齿。下门齿为圆柱状，几乎直竖向上。下犬齿的形状及大小则与下门齿相似，并紧靠第三枚下门齿的后方。

盘羊共分化为10个亚种，不同亚种的体形和角的大小、粗细，以及毛色的深浅等均有所不同。分布于蒙古人民共和国和我国的内蒙古大青山、北京八达岭、军都山等地的蒙古亚种，是所有亚种中体形最大，双角最粗的，被产地的人们叫做"大头羊"，但其实它的头并不算特别大，只是由于有两个特别巨大的角，尤其是与身体不成比例，所以头显得很大，也显得过于沉重了。一般角的长度为130～150厘米，粗度为45～55厘米，头和角加在一起重达40千克，占体重的1/3，它的毛色也较深。分布于塔吉克斯坦等国和我国新疆的帕米尔高原、天山西部的帕米尔亚种，就是十分著名的"马可·波罗羊"，由于杰出的意大利旅行家马可·波罗在游记中对它有所记述而得名。它的体形虽然略小于蒙古亚种，角也比蒙古亚种稍细，仅有38～40厘米粗，但是角的长度却无与伦比，最高纪录竟达到190.5厘米，角在弯曲了一圈以后还要弯上大半个圈。它的毛色比其他亚种浅得多，上体为很浅的棕色，体侧的一半以及整个下体，包括臀部和四肢内侧等，都是纯白色，这种毛色非常适合冰天雪地的环境。分布于尼泊尔和我国西藏、青海等地的西藏亚种，又叫西藏盘羊，体形略小，但雄兽的角也很大，最高纪录为133.3厘米，粗达46厘米，毛色为棕灰色，头部、颈部和肩部的颜色较深，年老的个体的喉部还有一圈白色的毛。其他亚种还有分布于哈萨克斯坦和南阿尔泰地区的指名亚种；分布于我国新疆伊宁至哈密一带的天山东段的天山亚种；分布于我国新疆准噶尔盆地赛尔山区一带的准噶尔亚种；分布于我国新疆罗布泊附近的罗布泊亚种等。

盘羊栖息于海拔3000～5500米的高山荒漠无林

盘羊较为耐寒，善于攀登

地带，但并不专门栖息于奇峰峻岭之间的高山裸岩带，而是多半出没于丘陵起伏的地带或山坡草地上，尤其喜欢居较为开阔的地区，但也有距水源较近的特点，有时也见于海拔2000米左右的中山地带，特别是蒙古亚种。通常有季节性垂直迁移的习性，夏季主要活动于雪线的下缘，到了冬季，当其栖息地积雪较为深厚时，则从高山上部迁至低山谷地雪被较薄的地方生活。这些地方气候较为干燥，植被的覆盖度差，主要的建群种类有芨芨草、野葱、苔草和多种针茅等，整个环境呈现为干旱草原、高寒荒漠草原和山地半荒漠草原类型，有些呈现为高寒草甸类型。它较为耐寒，善于攀登，视觉、听觉和嗅觉相当敏锐，性情十分机警、温和而胆小，稍有异常动静，便用前脚敲打地面通知同伴，然后迅速逃遁。它的奔跑速度和攀崖走险等技能都比不上其他野生羊类，奔跑的时速最高仅为30千米/时，但危急时却敢于从悬崖高处往下滚跑，常能用这个方法转危为安。平时结成小群活动，数量不等，但似乎并不集成更大的群体，常见的为10～30只，包括雌兽、幼仔和亚成体等，成年雄兽则2～3只或至7～8只自成一群，分别生活，只有到了冬季才汇合在一起。食物以针茅、莎草、早熟禾、红景天、蒿类等高山植物及灌木的嫩枝等为主，但食性非常广泛，栖息地内的各种植物几乎都能采食。夏季多在早晨和黄昏觅食，冬季则以白天为主。

盘羊性情十分机警、温和而胆小

盘羊的天敌有狼、豺、雪豹等猛兽。在冬季大雪封山之时，盘羊不得不下到低山地带觅食和饮水，往往成群地在大风雪中长途跋涉，穿过广袤的荒原，由一个山岭迁移到另一个山岭，因此在途中常常会遭到狼群的追袭或伏击，也难免因饥饿、受冻而倒毙。成年雄兽由于双角沉重，行动不便，有时会落在群体的后面，因此在大风雪中更易遭到暗算，在原野间经常可以看到被狼吃剩下的遗骸。此外，该地活动的猞猁等中型食肉兽类和猛禽等也会向幼仔发动攻击。

盘羊在分类学上隶属于哺乳纲、偶蹄目、牛科、羊族、绵羊属。绵羊属和蛮羊属、岩羊属、山羊属和半羊属等都是真正的羊类，全世界大约有 22 种，共同特点是雄兽有皱纹或肿瘤状的大角，雌兽没有角或仅有较小的角。上颌白齿与其他牛科动物不同，比较窄小，内侧中央没有柱状的向外突出物。

大羚羊

生活在中非和南非的大角斑羚，是所有羚羊中的最大种类。因为它的个子巨大，所以又称大羚羊或非洲旋角大羚羊。这种大羚羊的肩高一般在 172 ~ 178 厘米之间，大的可达 182 厘米；身体的长度在 2.80 ~ 3.30 米之间；体重一般在 600 千克，最大的几乎要达到 1 吨左右。真的比水牛还要高大和粗壮。蹄毛棕色或灰黄色，肩背部略有细白纹。雌雄的大羚羊都有角，但雌的角较细较长，最长的能达到 1 米以上；雄的角一般不超过 90 厘米。

大羚羊主要生活在疏林的草原地区，常常以小群同栖，年长的雄大羚羊为王，率领若干只成年羚羊和幼年羚羊一起觅食和活动。

该属的动物是体型最大的也是最像牛的羚羊，共有 2 种：普通大羚羊产在非洲中部和南部；德氏大羚羊产在中非。德氏大羚羊体型更加高大粗壮，

大羚羊善于跳跃

角长纪录为 1.2 米。它们体长 1.8 ~ 3.4 米，尾长 0.3 ~ 0.6 米，肩高 1 ~ 1.8 米。体重约 900 千克，雌雄均有角。

大羚羊喜欢栖息在开阔的草原或有灌丛和稀疏树林的地区。成群数只至 100 多只一起活动，雄性有独栖。它们白天炎热时休息，清晨和傍晚活动吃食，吃树叶、灌木、多汁的果子及草。它们进行长距离的周期性迁移。在有水源处它们常饮水，但缺水时也可长期不饮水而从树叶、根茎等食物中获得足量的水分。

大羚羊躯体粗壮，但仍善跳跃，能轻松地跃过 1.5 米高的围栏。它们虽然感觉敏锐，警惕性高，但行动缓慢，易被追上。

大羚羊似乎无固定的繁殖季节，不过仔兽多在 10、11 月间出生，孕期 250～270 天。雄性 4 岁、雌性 3 岁性成熟，寿命 15～20 年。

它们胆小怯懦，易于驯顺，非洲许多地方试图驯养它们。大羚羊因头部具美丽的花纹和剑状的长角而被人们大量猎取作为装饰品，其皮厚而坚韧可制革，肉亦鲜美可口。

驼 羊

驼羊曾分布在南美的西部和南部，是南美四种骆驼形动物中最有名的一种，早在 1000 多年前被驯化，是西半球人驯化成驮兽的惟一一种动物。驼羊的肩高有 1.2 米，体重 70～140 公斤，它的身上长着优质而浓密的长毛。驼羊喜欢栖息在海拔高的草原和高原上，最高海拔可达 5000 米。驼羊喜欢小群生活在一起，一般 5～10 只。雌兽由一只壮年雄兽带领，群内的雌兽都非常忠于头兽，一旦头兽被敌害所伤，它们并不逃跑，而是聚在头兽身边用鼻子拱它，试图让它站起来一起走。狡猾的人类就是利用它们这一特点，可一次捕杀一群驼羊。驼羊从不到树林和多岩的地方去，主要以草为食。驼羊性情机警，视觉、听觉、嗅觉均很敏锐，奔跑速度也很快，每小时可达 55 千米，这些为它们在开阔地带生活，逃避敌害起到了至关重要的作用。

驼羊的身上长着优质而浓密的长毛

驼羊一般在 8～9 月交配，孕期 10～11 个月，幼仔出生后即可奔跑，雄性幼仔长大后即被赶出群体，另组成年轻的雄兽群，直到性成熟后再另外与雌兽组成新的群体。驼羊的寿命可达 20 年，驼羊对于当地的印第安人来说可谓全身是宝，几乎 100% 被印第安人利用。正是这些原因，当地人长期以来一直捕杀驼羊，特别是在 16 世纪中期西班牙人来到这里后，开始大规模的捕杀驼羊，给驼羊带来了灭绝的厄运。到了 16 世纪后期，野生驼羊在人类的不知不觉地捕杀中全部灭绝了。目前，世界上的驼羊全部是 1000 多年前驯化驼羊繁殖的后代。驼羊有着长长的脖颈，美丽的大眼睛和色泽亮丽

驼羊有着长长的脖颈，美丽的大眼睛和色泽亮丽的毛绒

的毛绒，因其皮毛具有极高的经济价值，而被誉为"安第斯山脉上走动的黄金"。

驼羊 2 年长成成羊，但出生 1 年后即可剪毛，每年产毛 2 ~ 2.5 千克。产毛期平均 10 ~ 12 年，饲养得法的可达 15 ~ 17 年。今年 7 月份，驼羊毛的市价升至每千克 385 美元，而开司米羊毛每千克才 110 美元。在欧洲市场，一件用驼羊毛特制的大衣售价最高可达 2.5 万美元。

安静敏锐——鹿

鹿体型大小不一，一般雄性有一对角，雌性没有，鹿大多生活在森林中，以树芽和树叶为食。鹿角为随年龄的增长而长大。鹿分布在美洲及亚欧大陆的大部分地区。不论在森林和草原，亚热带至寒带，或是在气候少雨干燥、多雨潮湿、严寒多雪地区，都有某种鹿的分布，其中以梅花鹿的分布范围最广，以驯鹿、白唇鹿、塔里木马鹿及水鹿的局限性较大。在这些不同类型的地区，大部分鹿可以引种和风土驯化。

鹿在自然条件下，一年当中大部分时间是成群活动的。在散放或圈养条件下，也是成群（按圈）饲养的。它们的集群性很强，其中有头鹿和骨干鹿，

发情配种期有王子鹿。由头鹿和骨干鹿带动群体的活动，由王子鹿控制群体的行动。野生鹿在寒冷多雪的冬季比其他季节的群体大。鹿群的大小因地区、种类、季节、饲养方式、性别、鹿别以及鹿的数量、饲料量多少的不同而差异很大。一般种类的野生鹿通常为 10～25 只；野生驯鹿群有几十万只的，家养的有 1～2 万只；白唇鹿野生的有几百只。

鹿类的繁殖具有一定的季节性。除了四季变化不明显地区的水鹿是在 5～6 月份发情交配、12～1 月份产仔外，其余各种茸鹿的繁殖都有较明显的季节性，即在秋季 9～10 月份或延至 11 月份发情交配，第二年 5～6 月份产仔或延到 7 月份产仔。近年来的观察发现，公鹿的繁殖不仅有明显的季节性，而且年龄不同发情时间亦有早晚，已发现多种茸鹿，尤其幼龄的初配鹿出现了春季发情交配，甚至一年四季均有产仔的现象。

鹿角的再生

鹿角每年都会脱落，随后又生出新的。整个脱落过程仅仅需要 2 到 3 周就可以完成，再生的阶段发生在夏天。在 1 月和 4 月之间，鹿角脱落，这是成熟交配季节渐近结束时。这个时期它们可以没有角，因为仅仅在早先的几个月里需要，是为了吸引雌性配偶，给它们留下印象，并且同竞争者作战来赢得雌鹿的爱情。

梅花鹿

梅花鹿是一种中型的鹿类，体长 125～145 厘米，尾长 12～13 厘米，体重 70～100 千克。它的体形匀称，体态优美，毛色随季节的改变而改变，夏季体毛为栗红色，无绒毛，在背脊两旁和体侧下缘镶嵌着有许多排列有序的白色斑点，状似梅花，在阳光下还会发出绚丽的光泽，因而得名。冬季体毛呈烟褐色，白斑不明显，与枯茅草的颜色差不多，借以隐蔽自己。颈部和耳背呈灰棕色，一条黑的背中线从耳尖贯穿到尾的基部，腹部为白色，臀部有白色斑块，其周围有黑色毛圈。头部略圆，颜面部较长，鼻端裸露，眼大而圆，眶下腺呈裂缝状，泪窝明显，耳长且直立。颈部长。四肢细长，主蹄狭而尖，侧蹄小。尾较短，背面呈黑色，腹面为白色。雌兽无角，雄兽的头上具有一对雄伟的实角，角上共有4个杈，眉杈和主干成一个钝角，在近基部向前伸出，次杈和眉杈距离较大，位置较高，故人们往往以为它没有次杈，主干在其末端再次分成两个

梅花鹿体形匀称，体态优美

小枝。主干一般向两侧弯曲，略呈半弧形，眉叉向前上方横抱，角尖稍向内弯曲，非常锐利，是其生存斗争的有力武器。

梅花鹿根据体形大小、颈部鬣毛的多少、白斑的大小和清晰程度等，共划分为7个亚种，有6个分布在我国，但其中华北亚种和山西亚种已经灭绝，台湾亚种在野外也已经在20世纪40年代消失，仅在高雄、台东等地有人工饲养的种群，其余各亚种的数量总和仅有1000只左右。东北亚种仅有少量残存，华南亚种尚存于安徽、浙江、江西和广西等地，其中江西彭泽有150～200只，安徽南部和浙江西部散布着100余只，数量最多的是分布在四川北部和甘肃南部等地的四川亚种，它也是惟一一个生活在高山地区的亚种，数量约有500只。

梅花鹿性情机警，行动敏捷，听觉、嗅觉均很发达

梅花鹿生活于森林边缘和山地草原地区，不在茂密的森林或灌丛中，因为不利于快速奔跑。白天和夜间的栖息地有着明显的差异，白天多选择在向阳的山坡，茅草丛较为深密，并与其体色基本相似的地方栖息，夜间则栖息于山坡的中部或中上部，坡向不定，但仍以向阳的山坡为多，栖息的地方茅草则相对低矮稀少，这样可以较早地发现敌害，以便迅速逃离。它的性情机警，行动敏捷，听觉、嗅觉均很发达，视觉稍弱，胆小易惊。由于梅花鹿的四肢细长，蹄窄而尖，故而奔跑迅速，跳跃能力很强，尤其擅长攀登陡坡，连续大跨度的跳跃，轻快敏捷，姿态优美潇洒，能在灌木丛中穿梭自如，或隐或现。

梅花鹿的集群性很强，大部分时间结群活动

梅花鹿的生活区域还随着季节的变化而改变，春季多在半阴坡，采食栎、板栗、胡枝子、野山楂、地榆等乔木和灌木的嫩枝叶和刚刚萌发的草本植物。夏秋季迁到阴坡的林缘地带，主要采食藤本和草本植物，如葛藤、何首乌、明党参、草莓等，冬季则喜欢在温暖的阳坡，采食成熟的果实、种子以及各种苔藓地衣类植物，间或到山下采食油菜、小麦等农作物，还常到盐碱地舔食盐碱。

梅花鹿的集群性很强，大部分时间结群活动，群体的大小随季节、天敌和人为因素的影响而变化，通常为 3～5 只，多时可达 20 多只。在春季和夏季，群体主要是由雌兽和幼仔所组成，雄兽多单独活动。每年 8～10 月开始发情交配，雌兽发情时发出特有的求偶叫声，大约要持续 1 个月左右，而雄兽在求偶时则发出像老绵羊一样的"咩咩"叫声。繁殖期间雄兽饮食显著减少，性情变得粗暴、凶猛，为了争夺配偶，常常会发生角斗，头上的两只角就成了彼此互相攻击的武器，这种"角斗"在鹿类中是一种非常普遍的现象。

梅花鹿雄兽的旧角大约在每年 4 月中旬脱落，再生长出新角。新角质地松脆，还没有骨化，外面蒙着一层棕黄色的天鹅绒状的皮，皮里密布着血管，这就是驰名中外的鹿茸。这时若不采茸，继续长到 8 月以后，鹿茸就逐渐骨质化了，外面的茸皮逐渐脱落，整个鹿角变得又硬又光滑，一直到翌年春天，鹿角再次自动脱落，重新长出鹿茸。

梅花鹿在分类学上隶属于哺乳纲、偶蹄目、鹿科、鹿属。鹿科全世界大约共有 17 属、42 种，是偶蹄目中较大的一个类群，分布于除非洲和澳大利亚外的世界各地。体形大、中、小均有，最小的鹿类体重仅有 10 千克左右，最大的驼鹿体重可达 400 多千克。它们的共同特点是：具有完整的眶后条；有眶下腺，能分泌具有特殊香味的液体，涂抹在树干上以标记领地；蹄间、后足等处有臭腺；没有上门齿，有短小的臼齿；胃具 4 室，反刍；没有胆囊；毛较短；前后肢各有 2 根中掌骨和中跖骨愈合，形成炮骨；足具 4 趾，第二和第五趾退化或仅有残迹；蹄发育良好，没有脚垫，直接触地；角的差别很大，有的没有角，有的只有雄兽有角，有的雄兽和雌兽均有角，通常每年脱落 1 次。角的形状和分叉的数目也常常大不相同，所以常以此作为区分种类的一个主要依据。

马　鹿

马鹿是仅次于驼鹿的大型鹿类，因为体形似骏马而得名，体长为 160 ～ 250 厘米，尾长 12 ～ 15 厘米，肩高约 150 厘米，体重一般为 150 ～ 250 千克，雌兽比雄兽要小一些。它的夏毛较短，没有绒毛，一般为赤褐色，背面较深，腹面较浅，故有"赤鹿"之称；冬毛厚密，有绒毛，毛色灰棕。臀斑较大，呈褐色、黄赭色或白色。头与颜面部较长，有眶下腺，耳大，呈圆锥形。鼻端裸露，其两侧和唇部为纯褐色。额部和头顶为深褐色，颊部为浅褐色。颈部较长，四肢也长。蹄子很大，侧

马鹿因为体形似骏马而得名

踢长而着地。尾巴较短。马鹿的角很大，只有雄兽才有，而且体重越大的个体，角也越大。雌兽仅在相应部位有隆起的嵴突。角一般分为 6 叉，个别可达 9 ~ 10 叉。在基部即生出眉叉，斜向前伸，与主干几乎成直角；主干较长，向后倾斜，第二叉紧靠眉叉，因为距离极短，称为"对门叉"，并以此区别于梅花鹿和白唇鹿的角。第三叉与第二叉的间距较大，以后主干再分出 2 ~ 3 叉。各分叉的基部较扁，主干表面有密布的小突起和少数浅槽纹。

生活在山西、河北等地的野外种群已经在 20 世纪初绝灭。

马鹿属于北方森林草原型动物

由于产地不同，马鹿的形态也有一些差异，在全世界共分化为 23 个亚种，其中生活于北美洲的北美亚种又叫北美马鹿，体形最大，有的个体的体重超过 400 千克。我国的马鹿大约有 7 ~ 9 个亚种之多，而且大多是我国的特产亚种。东北亚种又叫东北马鹿、八叉鹿、黄臀马鹿，分布于大、小兴安岭和长白山地区；阿拉善亚种又叫宁夏马鹿、贺兰山马鹿，分布于宁夏贺兰山；西藏亚种又叫藏南赤鹿、寿鹿，分布于西藏东南部；阿尔泰亚种分布于新疆阿尔泰地区；天山亚种分布于新疆天山东部；塔里木亚种也叫南疆亚种，分布于新疆塔里木河沿岸；甘肃亚种分布于甘肃、青海、四川北部和陕西。

马鹿属于北方森林草原型动物，但由于分布范围较大，栖息环境也极为多样。东北马鹿栖息于海拔不高、范围较大的针阔混交林、林间草地或溪谷沿岸林地；白臀鹿则主要栖于海拔 3500～5000 米的高山灌丛草甸及冷杉林边缘；而在新疆，塔里木马鹿则栖息于罗布泊地区西部有水源的干旱灌丛、胡杨林与疏林草地等环境中。此外，马鹿还随着不同季节和地理条件的不同而

经常变换生活环境，但白臀鹿一般不作远距离的水平迁徙，特别在夏季，仅活动于数个"睡窝子"之间的狭小范围，由此常被当地人称为"座山鹿"。在选择生境的各种要素中，隐蔽条件、水源和食物的丰富度是最重要的指标。它特别喜欢灌丛、草地等环境，不仅有利于隐蔽，而且食物条件和隐蔽条件

马鹿在白天活动以乔木、灌木和草本植物为食

都比较好。但如果食物比较贫乏，也能在荒漠、芦苇草地及农田等生境活动。马鹿在白天活动，特别是黎明前后的活动更为频繁，以乔木、灌木和草本植物为食，种类多达数百种，也常饮矿泉水，在多盐的低湿地上舐食，甚至还吃其中的烂泥。夏天有时也到沼泽和浅水中进行水浴。平时常单独或成小群活动，群体成员包括雌兽和幼仔，成年雄兽则离群独居或几只一起结伴活动。马鹿在自然界里的天敌有熊、豹、豺、狼、猞猁等猛兽，但由于性情机警，奔跑迅速，听觉和嗅觉灵敏，而且体大力强，又有巨角作为武器，所以也能与捕食者进行搏斗。

白唇鹿

白唇鹿也是大型鹿类，与马鹿的体形相似，但比马鹿略小，体长为 100～210 厘米，肩高 120～130 厘米，尾巴是大型鹿类中最短的，仅有 10～15 厘米，体重 130～200 千克。头部略呈等腰三角形，额部宽平，耳朵长而尖，眶下腺大而深，十分显著，可能与相互间的通讯有关。最为主要的特征是，有一个纯白色的下唇，因白色延续到喉上部和吻的两侧，所以得名，而且还有白鼻鹿、白吻鹿等俗称。它的颈部也很长，臀部有淡黄色的斑块，但没有黑

白唇鹿在产地被视为"神鹿"

色的背线和白斑。冬季的体毛为暗褐色，带有淡栗色的小斑点，所以又有"红鹿"之称；夏毛颜色较深，呈黄褐色，腹部为浅黄色，所以也被叫做"黄鹿"。体毛较长而粗硬，具有中空的髓心，保暖性能好，能够抵抗风雪。雄兽肩部和前背部的硬毛还常逆生，形成"皱领"的模样。雄兽的蹄子大而宽，较为短圆，雌兽的蹄子则较尖而窄。只有雄兽头上长有淡黄色的角，角干的下基部呈圆形外，其余均呈扁圆状，特别是在角的分叉处更显得宽而扁，所以又有"扁角鹿"之称。眉叉与主干呈直角，起点近于主干的基部。主干略微向后弯曲，第二叉与眉叉的距离大，第三叉最长，主干在第三叉上分成2个小枝，从角基至角尖最长可达130～140厘米，两角之间的距离最宽的超过100厘米，分叉有8～9个，各枝几乎排列在同一个平面上，呈车轴状。

　　白唇鹿是我国的珍贵特产动物，在产地被视为"神鹿"。它也是一种古老的物种，早在更新世晚期的地层中，就已经发现了它的化石。它曾经广泛地分布于喜马拉雅山的中部一带，由于古地理的影响，第三纪后期、第四纪初期的喜马拉雅造山运动使得以我国青藏高原为中心的地面剧烈上升，高原

白唇鹿喜欢在林间空地和林缘活动

隆起，森林消失，所以白唇鹿的分布范围也向东退缩。

迄今为止，这一珍贵物种在国外仅有20世纪70年代初由我国赠送给斯里兰卡的1对（现在尚有1只生存）和80年代初赠送给尼泊尔的1对。在我国，由于白唇鹿与马鹿在产地上互相重叠，在四川西北部和甘肃祁连山北麓，还曾经发现过白唇鹿与马鹿自然杂交，并产生杂交后代的情况，所以

白唇鹿喜欢群居

有人常误认为它们属于同一物种，其实它们还是有很大差别的，除了唇部为白色，眶下腺较大外，还有角的形状很不相同。白唇鹿的角的眉叉和次叉相距较远，而且次叉特别长，位置较高，而马鹿角的眉叉与次叉相距很近。

白唇鹿生活在海拔3500～5000米之间的高山草甸、灌丛和森林地带，是栖息海拔最高的鹿类，那里气候通常十分寒冷，从11月至翌年4月都有较深的积雪。它喜欢在林间空地和林缘活动，嗅觉和听觉都非常灵敏。由于蹄子比其他鹿类宽大，适于爬山，有时甚至可以攀登裸岩峭壁，奔跑的时候足关节还发出"喀嚓、喀嚓"的响声，这也可能是相互联系的一种信号。它还善于游泳，能渡过流速湍急的宽阔水面。群体通常仅为3～5只，有时也有数十只、甚至100～200只的大群。群体可以分为由雌兽和幼仔组成的雌性群、雄兽组成的雄性群以及雄兽和雌兽组成的混合群等3个类型，雄性群中的个体

白唇鹿

比雌群少，最大的群体也不超过 8 只，混合群不分年龄、性别，主要出现在繁殖期。

　　每年 4 月上旬，雄兽便开始生出带茸的新角，从外观的色泽上可以分为 2 种：一种茸毛为灰白色，称为"白茸"；另一种茸毛为青灰色，称为"青茸"。9 月茸角开始骨化，骨化的旧角上有"苦瓜棱"和槽纹，尤其在眉叉和第二叉上较多。茸角分叉的多少，取决于鹿的健康状况及年龄大小，出生第二年长出的茸角呈锥形，不分叉，俗称"独杆子"，长度为 20～30 厘米左右。第三年茸角开始分叉，首先是眉叉和第二叉同时分生，而长成 3 叉，继而分成 4 叉、5 叉……产茸最多的时期是在 8～10 岁。到 14 岁以后所产的鹿茸，质量和数量都开始下降。一只雄兽年产鹿茸可达 5 千克，最高纪录为 11.8 千克。

水　鹿

　　水鹿的身体高大粗壮，体长 120～220 厘米，尾长 20～30 厘米，肩高 100～130 厘米，体重 180～250 千克，最大的可达 300 多千克，雌兽的体形比雄兽小。体毛粗糙而稀疏，雄兽背部一般呈黑褐或深棕色，腹面呈黄白色，雌兽体色比雄兽较浅而略带红色，也有棕褐色、灰褐色和白化的个体，由颈部沿着背中线直达尾部的深棕色纵纹是其显著的特征之一。颜面部稍长，鼻吻部裸露，耳朵大而直立，眼睛较大，眶下腺特别发达而显著，尤其是在发怒或惊恐时，可以膨胀到与眼睛一样大。颈部较长。四肢细长而有力，主蹄大，侧蹄特别小。尾巴的两侧密生着蓬松的长毛，看上去很像一把扇子，尾巴的后半段呈黑色，腹面颜色雪白，翘起来的时候，在棕色的臀周的衬托下十分耀眼而醒

水　鹿

目。只有雄兽头上长角，角从额部的后外侧生出，稍向外倾斜，相对的角又形成"U"形。角形简单，呈三尖形，包括一个眉叉和主干在末端的分叉，最末端的2个叉一般是等长的。主干一般只有一次分叉，不过偶尔也有不分叉或多次分叉的。眉叉较短，角尖向上斜生，与主干之间形成一个锐角。角的先端部分较为光滑，其

水鹿有沿山坡作垂直迁移的习性

余部分粗糙，基部有一圈骨质的瘤突，称为角座，俗称"磨盘"。水鹿的角在鹿类中是比较长的，一般长达 70～80 厘米、粗度 17～18 厘米，最高纪录为125 厘米。

水鹿喜欢在山泉边饮水

水鹿在全世界的亚种超过 10 个，在我国有 4 个，海南亚种仅分布于海南，在当地又被叫做"山马"，体形较小，毛色多为栗褐色，而且被毛短而稀。此外，台湾亚种仅分布于台湾，西南亚种分布于云南和广西，分布于其他地区的是四川亚种。

水鹿栖息于海拔 300～3500 米之间的阔叶林、季雨林、稀树草原、高草地等多种环境里。活动范围较大，没有固定的巢穴，还有沿山坡作垂直迁移的习性。在休息的地方，草被压倒，足迹、粪便特别多。平时昼伏夜出，白天在树林或隐蔽的地方休息，黄昏时分开始觅食、饮水等活动，到天明之前才结束。在月色明朗的夜晚

也很少出来，一般在月落后才开始活动，以数百种草本植物和木本植物的嫩叶、嫩芽、鲜果等为食，也喜欢在山泉边饮水，还嗜食盐碱土、盐碱水或烧山后的草灰。它特别喜欢有水的环境，水性极好，可以游过 2～3 千米宽的河流、水库等，有时还在水泉中洗浴，滚上一身泥巴，民间有"虎蹲草山，鹿伴溪泉"的说法，所以得名"水鹿"。平时大多单独或成对活动，只有繁殖期才集群，每群的数量从几只到十多只不等，每个群体中只有 1～2 只雄兽。群体在高山密林或深草中奔跑时，跑在前面的个体总是将尾巴向上翘起，露出雪白而耀眼腹面，使跑在后面的个体很容易跟随，这样就不会掉队失群了。水鹿性情机警、谨慎，嗅觉、听觉都十分灵敏，常站立不动，竖起耳朵倾听四周的动静，并且用前肢有节奏地轻轻敲打着地面，一旦听到异常声响，或者闻到豹、狼等猛兽的味道便迅速逃

水鹿性情机警、谨慎，嗅觉、听觉都十分灵敏

走，在树林、草丛中奔跑自如，因此在海南还有"山马精，山马精，听到狗叫翻过岭"的民间歌谣。

雌兽的怀孕期大约为 6～8 个月，于翌年春季生产，每胎产 1 仔，偶尔产 2 仔。初生的幼仔全身布满了美丽的白色花斑，能够在阳光照耀的树丛或草丛中起到保护色的作用。幼仔由雌兽携带，哺乳期为 2 个月，但白天分开，晚上活动时才到一起。如果幼仔发出鸣叫时，雌兽也会闻声而至。幼仔出生后第二年开始长出初角，到第三年左右在角座处脱落，再长出新茸，以后大约每年生一次茸角。

驼 鹿

驼鹿俗称"犴"、"堪达犴"或"犴达汉"，是世界上体形最大的鹿，高大的身躯很像骆驼，四条长腿也与骆驼相似，肩部特别高耸，则又像骆驼背部的驼峰，因此得名。一般体长为 200～260 厘米，肩高 154～177 厘米，体重 450～500 千克，但产于北美洲的体长都接近 300 厘米，体重可达 650 千克，最高纪录为 1000 千克左右，堪称鹿类中的庞然大物。全身的毛色都是棕褐色，夏季毛的颜色比冬季深得多。头部很大，眼睛较小，脸部特别长，颈部却很短，鼻子肥大并且有些下垂，上嘴唇膨大而延长，比下嘴唇长 5～6 厘米。另外它没有上犬齿，这一点与其他鹿科动物不同。雄兽和雌兽的喉部下面都生有一个肉柱，上面

驼鹿高大的身躯很像骆驼

长着很多下垂的毛，称为颌囊，但雄兽的更为发达。躯体短而粗，看上去与 4 条细长的腿不成比例。它的尾巴也很短，只有 7～10 厘米。仅雄兽的头上有角，也是鹿类中最大的，而且角的形状特殊，与其他鹿类不同，不是枝杈形，而是呈扁平的铲子状，角面粗糙，从角基向左右两侧各伸出一小段后分出眉枝和主干，呈水平方向伸展，中间宽阔，很像仙人掌，在前方的 1/3 处生出许多尖叉，最多可达 30～40 个。每个角的长度超过 100 厘米，最长的可达 180 厘米，宽度为 40 厘米左右，两只角横伸的幅度为 230～160 厘米，重量可达 30～40 千克。

驼鹿的祖先宽额驼鹿出现于 200 万年前的更新世前期，而现生的驼鹿是在大约 20 万年前出现的。它在国外分布于欧亚大陆的北部和北美洲的北部，共分化为 6～7 个亚种，不同亚种的毛色有所不同。

驼鹿是典型的亚寒带针叶林动物，主要栖息于原始针叶林和针阔混交林

驼鹿是典型的亚寒带针叶林动物

中，多在林中平坦低洼地带、林中沼泽地活动，从不远离森林，但也随着季节的不同而有所变化。春天多在针阔混交林、桦树林、山杨白桦林以及河、湖沿岸柳丛茂密的地区活动，夏天大部分时间在沿河林地、火烧迹地、灌木杂草丛生的河湾、河谷沼地、高草草甸以及旧河床等地带活动，尤其喜欢山涧溪流、多汁植物茂盛的低洼地和沼泽地，这些地方水草丰富，又多碱土，既可以提供睡莲、眼子菜、慈姑、香蒲、浮萍、蓬草等丰盛的食物，又可以卧在水中避暑和避免蚊虻的叮咬。秋天大多结群游荡在林间空地、采伐迹地、林缘或林中沼泽地或山地溪流上游避风向阳的地方。冬季

主要在山地阳坡的杨桦林、沼泽地的柳林灌丛等地活动。严冬时，常集成小群在有地下水露出的地方活动，尽管随处有雪吃，驼鹿还是喜欢饮水。大兴安岭林区，冬季漫长，秋雪较厚，虽然驼鹿腿长，在 60 厘米以下的积雪中仍能自由走动，但对驼鹿来说，积雪不单是限制了它的行动，同时也掩蔽了许多可食的植物，所以在食物极度缺乏的时候也会混入家养的牛群之中。驼鹿最喜欢吃植物的嫩枝条，只有夏季才大量采食多汁的草本植物，食物种类可达 70 余种，主要是

驼鹿喜欢山涧溪流、多汁植物茂盛的低洼地和沼泽地

柳、榛、桦、杨等的嫩枝叶，占全年食物量的43%～68%。

驼鹿的雄兽平时单独活动，而雌兽和幼仔大多在一起群居，偶尔有单独活动的。它的活动能力很强，虽然身躯巨大，但却可以在池塘、湖沼中跋涉、游泳、潜水、觅食，行动轻快敏捷，可以一次游泳20多千米，并且能潜入5.5米深的水下去觅

驼鹿行动轻快敏捷，可以一次游泳20多千米

食水生植物，然后再浮出水面进行呼吸和咀嚼。驼鹿在陆地上活动也比较轻松自如，既能伸直颈部，甚至跃起前身，去取食树上的嫩枝、嫩叶和树皮，又能快速地奔跑，时速可达55千米以上。

驼鹿角的叉数与年龄相关，6～8月龄时生出新角，初生的角为单枝，称为锥角。第三年分出2个叉，并在基部出现角盘。第四年分出3叉，第五年分出4～5叉，第六年以后则不再呈现规律。角的长度和重量随着叉数的增加而递增，掌状角面积的增加尤为显著。角每年脱换一次，2月中旬至3月底脱落旧角，大约一个月以后即长出新角。7～8月间角从基部开始骨化，至9月前后完全骨化，茸皮随即脱落。

驼鹿能潜入5米多深的水下觅食

驼鹿每年还要换一次毛，一般在4月初至5月份脱落冬毛，先从耳、鼻部开始，然后

是背部和四肢，依次逐渐脱换，换毛的迟早因性别、年龄的不同而有差异，通常是膘肥体壮的成年雄兽最先换毛，其次是幼仔和怀孕的雌兽，老弱个体可延迟至 7 月中旬。

健壮的驼鹿有时甚至能击败熊、
狼等体形较大的食肉兽类

驼鹿在自然界的天敌主要是狼和棕熊，另外还有猞猁和貂熊，它们大多袭击幼仔，以及年老、患病、体弱的个体，特别是刚生育的雌兽和出生不久的幼仔。健壮的成体十分有力，有时甚至能击败熊、狼等体形较大的食肉兽类，但是如果是在积雪较深的地方，行动不便，也容易被成群的狼等食肉兽类所围剿。

驼鹿在分类学上隶属于鹿科、驼鹿属。驼鹿属仅有 1 种，特点是体形较大，鼻吻部宽，上唇肥大；喉部有钟形下垂的皮囊；有宽大的掌状的角白基部开始向两侧扩展。

麋 鹿

麋鹿是一种大型食草动物，体长 170～217 厘米，尾长 60～75 厘米，肩高达 122～137 厘米，体重 120～180 千克，雌性体形比雄性略小。雌性头上无角，雄性角的形状特殊，没有眉叉，角干在角基上方分为前后两枝，前枝向上延伸，然后再分为前后两枝，每小枝上再长出一些小叉，后枝平直向后伸展，末端有时也长出一些小叉，最长的角可达 80 厘米。头大，吻部狭长，鼻端裸露部分宽大，眼小，眶下腺显著。四肢粗壮，主蹄宽大、多肉，有很发达的悬蹄，行走时代带有响亮地磕碰声。尾特别长，有绒毛，呈灰黑色，腹面为黄白色，末端为黑褐色。夏季体毛为赤锈色，颈背上有一条黑色的纵纹，腹部和臀部为棕白色。9 月以后体毛被较长而厚的灰色冬毛所取代。因为麋鹿"蹄似牛非牛，头似马非马，尾似驴非驴，角似鹿非鹿"，所以俗称为"四不像"。

麋鹿不仅体形独特，而且身世也极富有传奇色彩——戏剧性的发现，悲剧性的盗运，乱世中的流离，幸运的回归等等，因此成为世界著名的稀有动物之一，在世界动物学史上占有极特殊的一页。

在大型动物当中，麋鹿是惟一的一个找不到野生祖先的物种，它被学术界发现的时候，只有 200～300 只饲养在清朝的北京南海子皇家猎苑里，而关于这个群体的来历，至今尚未搞清。麋

麋鹿俗称为"四不像"

鹿起源于距今 200 多万年前的更新世晚期，而以距今 10000 年的全新世石器时代到距今 3000 年的商周时期的一段时间最为昌盛发达，但原始麋鹿的角不像现生的麋鹿那样复杂，分叉比较简单。

麋鹿喜群居，善游泳

虽然有人提出野生的麋鹿早在 1500 多年以前的秦汉时期就已经在野外绝迹，但大多数人认为，麋鹿在我国曾经广泛分布，特别是在黄河流域和长江流域一带，同时也大量饲养在历代的皇家狩猎场内，野生种群绝灭的时间大约在明、清朝代。主要原因是由于历史上各个朝代的大量猎捕，造成了

其种群灾难性的减少，更因为近代南北各地许多沼泽或近海低洼荒地均被垦辟殆尽，成为今日的农田，生态环境发生了很大的变化，使得只适于在沼泽地带栖息的麋鹿没有了容身之所，成为平原地区最早的生态灾难的牺牲者。

麋鹿是惟一找不到祖先的物种

麋鹿性好合群，善游泳，喜欢以嫩草和其他水生植物为食。求偶发情始于6月底，持续6周左右，7月中、下旬达到高潮。雄兽性情突然变得暴躁，不仅发生阵阵叫声，还以角挑地，射尿，翻滚，将从眶下腺分泌的液体涂抹在树干上。雄兽之间时常发生对峙、角斗的现象。雌兽的怀孕期为270天左右，是鹿类中怀孕期最长的，一般于翌年4~5月产仔。初生的幼仔体重大约为12千克，毛色橘红并有白斑，6~8周后白斑消失，出生3个月后，体重将达到70千克。2岁时性成熟，寿命为20岁。

麋鹿在分类学上隶属于哺乳纲、偶蹄目、鹿科、麋鹿属。麋鹿属中仅有麋鹿1种，特点是体形较大；仅雄兽有角，眉叉发达，与后伸的角干一样分出小枝，所有分枝的尖端均朝后；尾巴极长，端部的毛超过踝关节；侧趾和中央2趾的长度几乎相等。

麋鹿喜欢以嫩草和其他水生植被物为食

"假四不像"的黑鹿

在湖南南部多水的山林里，还有一种"假四不像"，就是黑鹿。

黑鹿是一种大型鹿，身体粗壮，比驯鹿更为高大，和麋鹿差不多。中国产的黑鹿，雄的肩高可达1.25～1.3米，体重可达200多千克。雌鹿较小，重约130～140千克。毛色一般黑褐，颈和尾的颜色更深。毛十分粗杂。尾巴虽比不上真正的四不像长，但比起其他各种鹿也算是长的。雄鹿有粗大的角，一般长达七八十厘米，粗达十七八厘米，最长纪录是1.25米。

熊的家族

XIONG DE JIAZU

　　熊，食肉目，是属于熊科的杂食性大型哺乳类，以肉食为主。从寒带到热带都有分布。躯体粗壮，四肢强健有力，头圆颈短，眼小吻长。行动缓慢，营地栖生活，善于爬树，也能游泳。嗅觉、听觉较为灵敏。

　　它们是由一种类似犬一样的祖先进化而成的，是犬科动物进化道路上的一个分支。熊科动物基本上都已偏离了食肉的习性，而成为杂食性动物了。有棕熊，黑熊，北极熊，印度懒熊，马来熊，美洲黑熊等等之分。其中棕熊体积最大，北极熊次之，一般越靠近南方的体形越小。

大熊猫

　　大熊猫是哺乳动物中最受人类喜爱的动物。它体态独特，外貌美丽，既温顺憨厚，又顽皮淘气，而且很具亲和力，对人类几乎没有伤害性，这也是它为什么备受人们宠爱的原因。然而现今世界上大熊猫的数量已非常稀少，仅分布于中国陕西秦岭南坡、甘肃南部和四川盆地西北部高山深谷地区，是世界上最为珍稀的动物之一，已被我国列为国家一级保护动物，有"中国国宝"之称。

　　大熊猫的衣着清淡素雅，通体只着黑白色彩，对比色调十分强烈鲜明，因此它又被称为花熊或白熊。它白色的脸上嵌着斜长方形的黑眼圈，头上竖着一双黑耳朵，黑而渐细的色带，从黑色的前肢延至肩上；后肢也呈黑色；胸部还有一些从淡棕色到黑色的毛，全身其余部分都呈白色。

大熊猫全身披有厚厚的毛层，而且它的毛的表面还富含一些油脂，这强化了对其躯体保温的效

大熊猫体态独特，外貌美丽

应。大熊猫的脸蛋圆乎乎的，很像猫脸，这也是它得名熊猫的缘故。它的耳朵又圆又大，可以起到减少热量散失的作用。它的视力不发达，两个眼珠很小，眼球里面的瞳孔很像猫一样是纵裂的。它的听觉比较灵敏，一经听到竹林里出现异常的声音，它就会很快地跑开躲藏起来，因此在野外很难见到它的真容。它的牙齿不像食肉猛兽的牙齿那样尖利，也不具有撕裂肉块的食肉齿，有 3 对门牙，不发达也无切割能力。

大熊猫的脸蛋圆乎乎的，很像猫脸

大熊猫从分类上讲，属于哺乳纲食肉目动物，但其食性却高度特化，成为以竹子为生的素食者。它几乎完全靠吃竹子为生，其食物成分的 99% 是高山深谷中生长的 20 多种竹类植物。它最喜爱吃的是竹笋，爱以筇竹、刚竹属的几种竹，以及巴山木竹、拐棍竹、糙花箭竹、华西箭竹、大箭竹的竹笋为食。

大熊猫的前掌上的 5 个带爪的趾是并生的，此外还有一个第六指，即从腕骨上长出一个强大的趾骨，起着"大拇指"的作用，这个"大拇指"可以与其他 5 指配合，就能很好地握住竹子。由于竹子中所含的营养低劣，为了获得足够的营养，它惟一的办法就是快吃快拉、随吃随拉。一只体重 100 千克的性成熟大熊猫，在春天每天要花 12～16 小时的时间吃掉 10～18 千克的竹叶和竹竿，或者 30～38 千克的新鲜竹笋，同时排出 10 多千克粪便，才能维持新陈代谢的平衡。大熊猫这种独一无二的生活方式，是它长期自然历史选择适应的结果。

大熊猫生性孤僻，它们不像其他以植物为食的兽类成员之间紧密合作，过着群居性的集体生活，而保留了像虎、豹等一般食肉动物的特性，分散隐居，过着独栖生活，因此人们把大熊猫雅称为"竹木隐士"。大熊猫好游荡，但不作长距离迁移。它们总爱各自固守着自己的家园，成天在里面游山玩水，食不分昼夜，睡不择栖处，可谓"乐天派"。不过，一到春暖花开季节，为了爱，它们之间会各自打破鸿沟，互相追慕，热恋成婚。

大熊猫善于爬树。别看它身体肥胖，爬树却是能手，它会轻松迅捷地爬上高大树木的枝间。它爬树一般是为逃避敌害、沐浴阳光、嬉戏玩耍、求偶婚配。大熊猫有时还下到山谷，窜入山村小寨或住宅，把锅盆桶具，尤其是圆形的器皿当成玩具，玩耍后弃置山野。有时它们还和羊、猪等家养的牲畜亲善，同吃同住。

大熊猫常生活在清泉流水附近，有嗜饮的食性。有时，它不惜长途跋涉到很远的山谷中去饮水。一旦找到水源，它就好似一个酗酒的醉汉躺卧溪边，没命地畅饮，以至"醉"倒不能走动，因此有"熊猫醉水"之说。甚至到了严冬，它也不以冰雪解渴，仍然要到流溪或不冻泉源去饮水。

大熊猫常生活在清泉流水附近，有嗜饮的食性

在通常情况下，大熊猫的性情总是十分温顺

的，从不主动攻击其他动物或人。当大熊猫听到异常响声时，常常是立即逃避，逃不掉时，它就会像羞涩的少女一般，用前掌蒙面，把头低下，深深地埋在两个前爪中间，所以它又有"熊猫小姐"的称号。

大熊猫将一天的时间主要用在觅食和休息上

由于竹子的营养低，为了尽可能减少能量消耗，大熊猫将一天的时间主要用在觅食和休息上。它一天中有 54.86% 的时间用于觅食，43.06% 用于休息，2.08% 用于游玩。它吃饱喝足后，就回到家中美美地睡上一觉，但也有"困不择床"的时候，在草坪、雪地、岩石上打个盹，之后又继续觅食。

大熊猫有不惧严寒，从不冬眠的习性，哪怕气温下降到 –14℃ ~ 4℃，它仍穿行于白雪皑皑的竹林中，选食可口的竹子，更不像黑熊等很多动物，躺藏于树洞或岩洞中冬眠。它还不怕潮湿，终年在湿度 80% 以上的阴湿森林中度过，明代神医李时珍阐述垫睡熊猫皮可以避寒湿、祛邪气，可能缘于此。

大熊猫吃饱喝足后就会睡上一觉

野生的雌性大熊猫 6.5 岁开始发情，7.5 岁婚配生育。饲养的雌性大熊猫有早熟现象，3.5 岁就开始"恋爱"，4.5 岁"结婚"产崽。雄性大熊猫 7~8 岁才参加婚配。

大熊猫从不冬眠

发情期的大熊猫，都表现烦躁不安，它们抓咬树枝，在大树上留下清楚的扑痕以及将树枝咬断。在不同的发情期，大熊猫会在地上或树上发出不同的叫声——熊猫恋歌，以引起异性注意。在发情高潮期，以咩叫声和鸟鸣声为主。大熊猫有时还将肛周腺分泌物涂擦在树干基部、石头或突出的地上，作为气味标志，以吸引异性。大熊猫的"婚礼"通常在山地原野上举行，也有别具一格的，在树上举行。大熊猫实行"一夫多妻"制。

大熊猫的生育率很低，雌性大熊猫一般每 2 年才生育一次，一生才生几个后代。通常一胎一崽，偶见一胎 2 崽，在野外条件下即使产 2 崽，大熊猫妈妈也只有能力育活 1 崽。

受精后的雌性大熊猫，怀孕 3~5 个月后，便在秋高气爽时节找一个阴暗背风的树洞或岩洞作产房，衔一些竹枝枯叶作铺垫，准备产崽。产出的大熊猫婴儿十分可怜，闭眼、光身、肉红、尾长，纤弱而不能站立，是一只发育不全的早产儿，体重约 36~200 克，只有母体的 1‰。这在哺乳动物中除袋鼠外绝无仅有，但是袋鼠有育儿袋，大熊猫却没有，可以想象，要把这样的婴儿哺育成活是多么艰难。

大熊猫妈妈靠孕期多吃竹子积蓄营养，整月在产房哺育着自己的小宝宝，除非排粪便时才走出产房。直到小宝宝满月后，由于饥渴交迫它才离开产房，匆匆在附近找竹子和饮水，旋即又返回。大熊猫妈妈几乎整天抱着它的小宝宝，不断地亲它、舔它，等待它慢慢长大。满 1 岁时的大熊猫幼崽已长到 40 千克左右，到 1 岁半时体重可达 50 千克以上，这时大熊猫幼崽才开始结束依附母亲的儿童期，告别母亲独立生活。野外生活的大熊猫，平均寿命为

15 岁。

尽管大熊猫与世无争，但在它的栖息领域里，还是有一些与它们为敌的动物，如金猫、豹、豺、狼、黄喉貂等，但是它们主要是袭击大熊猫的幼崽和病弱年老者，因为年轻体壮的大熊猫仍不失食肉祖先的凶猛，遇强不弱，令敌害生畏。动物园里貌似温顺憨态的大熊猫

大熊猫喜欢独栖生活

一旦被激怒，也会攻击人，时有伤人事件发生。

大熊猫虽然不时要遭受天敌的侵袭，但它并非是孤家寡人，在它的家园中生活着与之和平相处的友好邻居金丝猴、扭角羚、毛冠鹿和小熊猫。它们虽生活在同一区域，但各自占据自己的空间，在营养上分工，昼夜活动和季节上相互协调，通过食物作为联系，组成一个较为稳定的动物群。

金丝猴也是我国特有的珍稀动物，有树上"金发美女"之美称。它在大熊猫家园中所占的空间为郁郁葱葱的树林，以树的幼芽、嫩叶为食。扭角羚是森林、灌木丛和草甸之间的"游民"；它只产于喜马拉雅至横断山脉一带，也是世界性珍兽；它喜食灌木丛植物的芽、叶、树皮以及各种青草，在冬季它还吃大熊猫不吃的已枯萎的竹叶。毛冠鹿是密林和竹丛中以草类为食的"君子"，也是我国的特产珍贵动物。

小熊猫是大熊猫最亲密的伙伴。它虽也以竹为生，但在同一季节与大熊猫采食部位不同。大熊猫秋季爱吃竹叶，小熊猫则爱吃野果；春夏大熊猫爱吃大径竹笋，小熊猫则选择小径竹笋；大熊猫采食高枝叶，小熊猫采食低枝叶；大熊猫采食地点多在平缓的阴坡，而小熊猫多在陡峭的阳坡采食。

1869 年，法国神甫戴维在中国四川的穆坪（今宝兴县）首次发现了大熊猫。20 世纪 30 年代，美国《大熊猫与女人》一书的女作者露丝·哈克纳斯第一个把大熊猫带进西方世界。

大熊猫性情十分温顺

自那以后，世界上掀起了一股大熊猫热，大熊猫得到了世界各国人民的喜爱。从 1954 年起，我国政府将大熊猫先后赠送给前苏联和朝、美、日、英、法、德、西班牙、墨西哥等国家动物园饲养展出，从此大熊猫成了"世界亲善大使"、"和平友好的使者"。1985 年，为配合《中英香港问题联合声明》的发表，应香港野生动物基金会的邀请，福州大熊猫前往香港访问 4 个月，受到了香港 600 万同胞的热烈欢迎。

大熊猫经过漫长的历史发展而能够生存到今天，反映了它具有顽强的生命力。但由于各种不利因素的影响，大熊猫的数量锐减，目前全世界大熊猫的总数不足 1000 只，而且数量在不断减少，目前只在我国的四川、陕西、甘肃部分地区的深山老林中见到它们的身影。大熊猫目前已处于高度濒危状态。

在各种不利因素中，其内在原因是由于大熊猫的食性、繁殖能力和育幼行为的高度退化。外在原因则是其栖息环境受到破坏，形成互不联系的孤岛状分布，导致种群分割、近亲繁殖、物种退化。再加上主食竹子的周期性开花死亡、人为的捕捉猎杀、天敌危害、疾病困扰等原因，使大熊猫面临着严重的生存危机。

大熊猫的生存危机引起了世界各国的广泛关注。中国政府和人民以及有关国际组织、科学团体和科学家们都在积极地投入对大猫的保护和科研工作，以使大熊猫摆脱濒危的境地，得以永续繁衍，与人类共存。

1980 年，世界野生生物基金会（WWF）与中国政府达成为拯救大熊猫而进行国际募捐运动和制定保护大熊猫计划的协议，并派出以乔治·夏勒为首的科学家来我国四川共同探讨执行保护大熊猫的计划。中国政府自 1963 年以来，在秦岭、岷山、大相岭、小相岭等 6 大山系，先后建立了 14 个大熊猫自然保护区，对大熊猫密集的地区和栖息地实施有效的保护，同时制定了《野生动物保护法》，将大熊猫列为国家一级保护动物，并采取措施严厉打击和制裁不法分子猎杀和走私大熊猫的行为。

野生大熊猫面临着生存危机

经过多年努力，大熊猫的保护工作取得了可喜的成就。大熊猫种群数量下降的趋势已基本得到控制，有的保护区的种群数量还略有增长。大熊猫栖息地保护工程和异地保护工程取得了巨大的进展，大熊猫人工繁殖饲养技术也取得了很大突破。全世界人民都有一个共同的心愿：愿稀世珍宝大熊猫与人类共存。

"猫熊"

大熊猫的祖先是始熊猫，大熊猫的学名其实叫"猫熊"，意即"像猫一样的熊"，也就是"本质类似于熊，而外貌相似于猫。"严格地说，"熊猫"是错误的名词。这一"错案"是这么造成的：新中国成立前，四川重庆北碚博物馆曾经展出猫熊标本，说明牌上自左往右横写着"猫熊"两字。可是，当时报刊的横标题习惯于自右向左认读，于是记者们便在报道中把"猫熊"误写为"熊猫"。"熊猫"一词经媒体广为传播，说惯了，也就很难纠正。于是，人们只得将错就错，称"猫熊"为"熊猫"。其实，科学家定名大熊猫为"猫熊"，是因为它的祖先跟熊的祖先相近，都属于食肉目。

129

小熊猫

小熊猫属于哺乳纲、食肉目、浣熊科、小熊猫属动物。小熊猫又名小猫熊、九节狼、金狗等，分布于我国陕西南部、青海东南部、甘肃南部、四川、云南、西藏，以及尼泊尔、不丹、锡金、缅甸北部等地，在我国属二级保护动物。

小熊猫体型肥圆，外形似熊又像猫

小熊猫体型肥圆，外形似熊又像猫，但比熊小得多，又比猫大，因而得名。体重5千克左右，体长50～64厘米，尾长28～49厘米。头短而宽，颊部呈圆形，耳朵大而直立。眼睛棕色，瞳孔为圆形，眼上各有一块白斑。鼻子很短，鼻尖上有黑色颗粒状的皮肤，四周都是乳白色的毛。黑色的上下唇都长有白色的胡须。体毛主要为棕红色，胸、腹部及四肢为黑褐色。四肢粗壮，爪很锐利。尾巴又粗又长，尾毛上镶着9个赤红色与黄白色相间的环纹。

小熊猫主要生活在海拔1600～3800米之间的混交林和竹林等高山丛林之中，它白天隐匿于石洞或树洞中休息，晨昏外出活动觅食，喜爱结成5只的小群活动。小熊猫喜欢饮水，常在小溪边活动。它的脚底下长有厚密的绒毛，这使它很适合在密林下面湿滑的地面或者岩石上行走。它走路时前脚向内弯，与熊类走路的姿

小熊猫生气时会发出像猫叫一样的"嘶嘶"声

势类似，显得步态蹒跚。它平时性情较为温顺，很少发出声音，但生气时会发出像猫叫一样的"嘶嘶"声，并会吐唾沫，愤怒时则发出短促而低沉的咕哝声。

小熊猫行动非常灵敏，善于攀树，它白天大部分时间在树上休息、睡觉，遇到风和日丽的天气，也喜欢蹲卧在岩石上晒太阳，显得十分悠闲自得，所以当地的人们又叫它"山门蹲"。它休息的时候，胸部和腹部一般紧贴在树枝上，四条腿自然下垂，还不时地用前爪擦洗自己的白花脸，或者用舌头不断地舔弄身上的细毛，睡眠时用它那蓬松多毛

小熊猫行动非常灵敏，善于攀树

的大尾巴蒙盖住头部或当做枕头，有时也将脚下垂高高地伏卧在树枝上。

小熊猫喜食箭竹笋、嫩叶、竹叶及各种野果和苔藓，还捕食小鸟、鸟卵和昆虫等，更喜食带有甜味的东西。每年春天雌性小熊猫发情交配，妊娠期约3个月左右，每年一胎，每胎2~3崽，偶见4崽，一年后发育成熟。

棕　熊

棕熊别名马熊、人熊、灰熊、哈熊，分布于欧亚大陆和北美洲大陆，在我国主要分布于东北、西北和西南地区。

棕熊身躯庞大，体长1.8~2米，体重一般在150~250千克之间，较大的能达到400~600千克，其中最高纪录为生活于美国阿拉斯加科迪亚克岛上的阿拉斯加棕熊，它站立时身高2.5米，体重达800千克，是世界上最大的食肉兽。棕熊外形与黑熊相似，但毛色不同，多为棕褐色或棕黄色；老年棕熊呈银灰色；幼年棕熊为棕黑色，颈部有一白色领环；胸毛长达10厘米。脚掌裸露，长有厚实的足垫。

棕熊性情孤僻，除了繁殖期和
抚幼期外，它们都单独活动

棕熊性情孤僻，除了繁殖期和抚幼期外，它们都单独活动。在森林中，每个棕熊都有自己的领域，它们常常在树干上留下用嘴咬的痕迹，用爪子在树干上抓挠而留下的痕迹和在树上用身体擦蹭而留下的痕迹等，作为各自领域边界的标志。

棕熊主要栖息在山区的森林地带，并且有随着季节的变化垂直迁移的现象，夏季在高山森林中活动，春、秋季多在较低的树林中生活。棕熊的胃口可以说是好极了，它食性较杂，荤的、素的都爱吃。在动物性食物方面，棕熊爱吃各种昆虫、鲑鱼等鱼类、小型鸟类、野兔、土拨鼠等小型兽类，也吃腐肉，有时还攻击驼鹿、驯鹿、野牛、野猪等大型动物，甚至袭击人类；在植物性食物方面，棕熊主要吃野菜、嫩草、水果、坚果等，有时也偷食农作物。棕熊有时挖洞掩埋动物的尸体，这是一种储存食物的行为。

棕熊体型较大，力气也很大。在山林中，棕熊的天敌很少，但是与老虎相比，它只有嗅觉较为灵敏，而视觉和听觉都较迟钝，动作较为笨拙，爪牙也不够锐利，如果与虎发生争斗，棕熊则会被虎吃掉。

棕熊身高力大，性情凶猛，它既能爬树，也能直立行走，而且还是游泳高手。棕熊平时虽然慢条斯理，但它奔跑时速度相当快，时速可达56千米，可以轻而易举地追赶上猎物。北美的印第安人因此

棕熊既能爬树，也能直立行走，而且还是游泳高手

把它称为"神熊"。

与多数熊类一样，棕熊也有冬眠的习性。棕熊冬眠一般从每年的10月底或11月初开始，一直到第二年的3～4月份才结束。为了积累用于冬眠所需的大约50千克脂肪，棕熊秋天必须吃掉400～600千克的浆果和其他食物。冬天临近时，棕熊便开始准备冬眠的洞穴，它往往在寒风较弱的向阳地

棕熊是杂食动物，什么都吃

带选择大树洞或岩石隙缝处居住，有时也在沼泽地上的干土墩上挖掘地穴，并在洞穴中以枯草、树叶或苔藓作铺垫物。

冬眠时，一般一只棕熊独居一个洞穴，只有雌熊与3岁以下的幼崽才同居在一个洞穴中。棕熊在进洞前非常警觉，总是先围着洞口观察一阵，然后迅速跳钻进去，或者后退着进窝，并在进洞前把自己的足迹弄乱，以免被天敌发现洞穴。冬眠期间，棕熊主要靠体内贮存的脂肪维持生命。如果有危险，棕熊随时都会醒来。在较温暖的日子里，棕熊有时也会到洞外活动一段时间。

每年的5～7月是棕熊的发情交配期，母熊的怀孕期为7～8个月，初春时生育，每胎产2～4崽。初生的幼崽体重约有500克，全身无毛，眼睛不能睁开。30～40天后，幼崽的眼睛才会睁开，半岁以后开

幼崽特别喜欢直立行走，模样就像孩子学习走路一样，活泼可爱

始以植物和小动物为食。

棕熊主要栖息在山区森林地带

棕熊幼崽的颈部有一道白色的圆环围绕，但随着年龄的增长会逐渐消失。幼崽特别喜欢直立行走，模样就像孩子学习走路一样，活泼可爱。棕熊幼崽相互之间常常游戏、打闹。雄棕熊不是一个好父亲，不但不承担养育后代的任务，有时甚至会攻击幼崽，但如果被雌兽发现了，雌兽就会冲上去与雄兽拼命，保护幼崽。幼崽 4~5 岁时性成熟，寿命约为 30 多年，最长的达 47 岁。

在北美洲，许多流入太平洋的河里都有鲑鱼。这些鲑鱼要游到河流的上游去产卵，它们在经过急流进入浅水时，很容易遭到生活在这里的棕熊的袭击。在鲑鱼洄游的 7 月初，成群的棕熊会守候在河岸两旁捕猎。当河中有鲑鱼出现时，它们就迅速跳入水中，用牙齿和爪子捕捉鲑鱼，然后回到岸上，熟练地把鲑鱼撕成碎片吃掉。

在捕捉鲑鱼这方面，年轻的棕熊就不如老棕熊那样经验老到。有时鲑鱼太多了，棕熊心情很激动，不知捕哪条才好，但有经验的棕熊心情却很平静，知道怎样用最省力的办法来捕鲑鱼。刚来的棕熊在它们同伴之间争到一个捕鲑鱼的好位置。捕捉鲑鱼的棕熊非常不合群，相互之间经常发生冲突。每只棕熊一天大约能捕

棕熊还是捕鱼高手

到六七条鲑鱼。吃饱的棕熊会非常挑剔，只从猎物中挤出一点鱼子吃，然后把其余的都扔掉了。

北极熊

北极熊又名白熊、大白熊，分布于北冰洋海域，以及与亚洲和美洲大陆地相连的海岸。北极熊是熊类中体型较大的种类，最大的体长 2.7 米，肩高 1.3 米，体重 750 千克。一般雄性个体要大于雌性。北极熊一度被人们认为是世界上最大的食肉猛兽，后来人们发现北美阿拉斯加的棕熊中有体重达 800 千克的，它才退居第二位。

北极熊生活在北极中心地区的冰盖上

北极熊生活在北极中心地区的冰盖上，经常活动在漂浮的大块浮冰上，那里有大量的海象和海豹在繁衍生息，这为它提供了丰富的食物来源。除了鲸鱼和人类，北极熊几乎没有天敌，因此它有"北极霸王"和"冰上霸王"之称。

北极熊身体肥胖，全身为乳白色，体毛又长又厚，皮下脂肪很厚，这有助于它抵御北极的严寒。而且，北极熊体毛的结构极其复杂，里面中空，能起着极好的保温作用。和身体相比，北极熊的耳朵和尾巴极小，这是为了减少身体表面积以维持体温而进化形成的。

凭借体毛和脂肪，北极熊敢在雪地里睡觉

北极熊常在海边的雪堆中挖洞筑窝

北极熊脚掌肥大，掌下毛多，既保暖又防滑，而且能抓牢冰面，在雪地上稳步行走。因此，北极熊可以在北极地区自由自在地生活而完全不必担心这里的冰冻严寒。

北极熊的体型呈流线型，它善于游泳，它那宽大的熊掌犹如双桨，在北冰洋冰冷的海水里，它可以用两条前腿奋力前划，后腿并在一起，掌握着前进的方向，一口气可以畅游四五十千米。北极熊的爪如同铁钩，锋利无比，它的前掌一击，便可以将人的头颅打得粉碎。北极熊奔跑速度很快，时速可达60千米，但不能持久，只能进行短距离冲刺。

北极熊常在海边的雪堆中挖洞筑窝。熊窝非常简单，形状为椭圆形，长约2.5米，宽1.5米，高1.5米，并有一个2～6米长的通道。在洞口附近，还筑有一堵雪墙，是用来挡风的。雪积多了，洞口几乎被堵塞，成了一扇自然的雪门。雪窝主要有2大用处：一是母熊的产房；二是熊冬眠的场所。

北极熊有互相游戏逗乐的习惯。它们有时互相亲热拥抱，在雪地上跳"华尔兹"舞。有时还彼此做格斗游戏，直到筋疲力尽时，双方才松手"停战"，四脚朝天仰卧休息。

做格斗游戏的北极熊，一般是双方个子相仿。有时一只特别爱玩的大北极熊也会找一只小北

北极熊有"冰上霸王"之称

极熊做格斗游戏。起先大北极熊伸出一只前肢向小北极熊"动手动脚"，但行动很谨慎，惟恐伤害了小北极熊。接着小北极熊开始向大北极熊"还击"。有趣的是，这时大北极熊会任凭小北极熊对它拳打脚踢，从不还手，显出一副长者的谦让风范。

据观察，北极熊大多数时候能互相谦让，和平共处。但是在食物的分配上，却是由北极熊的社会地位等级来决定的。一般身体强壮的北极熊在分配食物时占有优先地位，不过优先分配者往往是主要的捕猎者。雄性北极熊在进食时，一般不会一扫而光，总要留下一些残菜剩饭给前来向它讨食的身体较小的北极熊吃。如果雄北极熊发怒咆哮，四周较小的北极熊就会胆怯地逃走，因此北极熊之间一般不会发生食物争夺战。有时，身材高大的雄北极熊在饿极了的时候，也会追杀幼小的北极熊，甚至杀死前来相救的母北极熊。

在北极，一年四季都有北极熊出没

北极熊有很强的导航能力。它们能远行几百千米，然后准确无误地返回原来的住处。北极熊生活在漫无边际的冰雪世界，能利用来作为认路标记的物体很少，它是利用什么来导航的呢？

科学家通过观察认为，北极熊之所以能够年复一年地从数百千米之外的地方回到家中，主要是因为它们有一个特殊的高鼻子，它们的鼻子非常敏感，能嗅出十分微弱的归途气味。此外，北极熊生活在高纬度地带，还可能利用地磁来导航。

在北极地区，一年四季都有北极熊出没。不过在严冬季节则很少能见到它们的踪影，因为这时候它们正在冬眠。但与其他动物有所不同，北极熊冬眠并非抱头大睡，而是似醒非醒，一遇到紧急情况，便可立即惊起。所以，北极熊的冬眠又被称为局部冬眠。冬眠不仅是为了防寒，也是为了度过食物严重不足的困难时期，这是北极熊对外界不利条件适应的一种

北极熊善于游泳

本能。

冬眠的北极熊有好几种睡姿。有时它蜷曲着整个身体睡觉，近看像一个巨大的白毛皮球，远看像一个大雪球；有时它坐在雪地上，上半身向前伸直睡觉，称为"吊车"式睡觉姿势；有时它横卧在两个冰堆之间睡觉，将头部和屁股各枕在一个冰堆上，身体的下面就是海水；有时它俯卧在地睡觉，称为"爬行睡眠"姿势；有时它将嘴巴和四肢插入雪中睡觉，这是一种最大胆的睡眠姿势，一旦遇上敌人它就无法对付了。

根据动物学家最近的研究表明，北极熊不仅可以进行冬眠，而且还可以夏眠。加拿大的动物专家曾在秋天捕到几头北极熊，结果发现它们的熊掌上均长满了长长的毛，说明它们已很长一段时间没有活动了，而是在夏眠中度过了这段时光。

北极熊为食肉动物，主要以海豹为食。每当春天和初夏，成群结队的海豹便躺在冰上晒太阳。这时北极熊会巧妙地利用地形，一步步地向海豹逼近，当离海豹不远时，北极熊就如离弦之箭，猛冲过去，以迅雷不及掩耳之势用它那巨大的熊掌拍向海豹，正在享受暖融融阳光的海豹顿时脑浆涂地，

北极熊睡觉的姿势很特别

成为北极熊的口中美餐。

在冬天，北极熊又会以惊人的耐力连续几小时在冰盖的裂缝旁等候海豹。它一动不动，犹如雪堆般，并会用前掌将鼻子遮住，以免自己的气味和呼吸声将海豹吓跑。当海豹稍一露头，"恭候"多时的北极熊便会以极快的速度，朝着海豹的头部猛击一掌，可怜的海豹尚未弄清发生了什么事情，便

北极熊对北极冰屋也很好奇

脑花四溅，一命呜呼了。对于那些躺在浮冰上的海豹，北极熊也有一套对付的方法。它会悄无声息地从水中秘密接近海豹，有时它还会推动一块浮冰作掩护，向海豹靠近，然后突下杀手。

当捕获甚丰时，北极熊便会挑肥拣瘦，专吃海豹的脂肪，其余的部分都慷慨地留给它的追随者——北极狐、白鸥等。当找不到猎物时，它也会吃搁浅的鲸的腐肉、海草、谷燕、干果，甚至居民点的垃圾。

北极熊母子

4岁的雌北极熊和5岁的雄北极熊已达到性成熟。每年的三四月份是北极熊的交配期，交配期一般为2周左右，最长的可达1个月。此时，雌雄北极熊有缘千里来相会，在晶莹剔透的冰盖上，身材娇小的母熊走在前面，体格粗壮的公熊则紧随其后，相距不到两三步，有时双方还会贴得更近。

当然，北极熊的爱情生活并不都非常美满，有时会出现母熊对公熊不满意的情形。这时，公熊往往会采取暴力行动，于是双方便厮打起来。身体相对纤弱的母熊哪里是身强体壮的公熊的对手，最后总是遍体鳞伤的母熊不得不委曲求全，违心地当一回新娘。当交配期一过，双方便各自过着独身生活，而且为了生存整天东奔西跑，很难再有机会相遇。

雌北极熊受孕后，会于12月份到来年的1月份在自己建造的洞穴中分娩，一般为双胞胎，单胎或3胎比较少见。

刚生下的熊崽体长约30厘米，体重只有几百克，和小兔差不多大小，而且浑身溜光，双眼紧闭，双耳什么也听不见。熊崽的生长速度很快，经过3～4个月的哺乳，即可长到9～13.5千克。期间，母熊驻守洞穴中与熊崽朝夕相处，完全依靠体内贮存的营养维持自身生命和哺育熊崽。北极熊乳汁的脂肪含量高达30%以上，这是其他任何食肉动物都无法比拟的，因此，熊崽发育良好。3～4个月后，母熊便携子离洞，开始让熊崽认识世界，增长见识。

熊崽在母熊身边要长到2岁左右，其间要跟母熊学习捕猎、游泳等生存本领。2岁后的熊崽便离开母熊开始独立生活。由于北极熊特殊的摄食方式和惊人的食量（北极熊的胃可容纳50～70千克的食物），因此它总是独来独往，整天风里来、雪里去，辗转于浮冰和陆地间，过着漂泊不定的流浪生活。

熊崽要跟母熊学习捕猎、游泳等生存本领

约4～5岁时，达到性成熟的北极熊便开始谈婚论嫁。北极熊的生殖年龄可以持续到20～25岁。野生的北极熊估计能活20～30年。

知识点

北极熊：单项游泳健将

北极熊是水陆两栖动物，当然会游泳。北极熊全身披着厚厚的白色略带淡黄长毛它的长毛中空不仅起着极好的保温隔热作用而且增加了它在水中的浮力。它的体型呈流线型，熊掌宽大宛如前后双桨，前腿奋力前划，后腿在前划的过程中还可起到船舵的作用。因此在寒冷的北冰洋水中它从不畏寒，可以畅游数十千米，是长距离游泳健将。遗憾的是，北极熊仅是长距离单项游泳健将。

它几乎不会潜泳，这正是它捕食海豹和海象时的天大缺陷，它不能在水下捕食海豹和海象。

黑 熊

黑熊俗称狗熊、白喉熊、黑瞎子，是分布很广的一种大型动物。黑熊体长 1.5～1.7 米，体重 150 千克左右。头圆、耳大、眼小，嘴短而尖，鼻端裸露。体毛黑亮而长，胸部有一块 V 字形白斑。脚上长有厚实的肉垫，前后足均 5 趾，爪子尖锐但不能伸缩。还有一种白化的黑熊，通身白色，如同北极熊。

黑熊生活在山地森林中，主要在白天活动。它善于爬树、游泳，能直立行走。它的视觉很差，看不清在 100 米远处的东西，因此又称"黑瞎子"。但黑熊的嗅觉、听觉特别灵敏，它

黑熊是爬树能手

黑熊生活在山地森林中

顺风可闻到 500 米以外的气味，能听到 300 步以外的脚步声，它正是利用嗅觉和听觉来搜寻猎物的。黑熊最喜欢活动在针阔混交林中，善于攀援，是爬树能手。

在动物界，行动笨拙的熊科动物历来是猎人捕捉的最好目标。相比之下，熊科动物中的黑熊却最为机警，它更知道怎样去躲避和应对危险情况。

除了交配期的一两个星期外，成年黑熊都单独生活。到了一定年龄，黑熊会在自己的领地上留下明显的标记。那些老一点的黑熊经过长期的生活，都养成了一定的习惯，经常会在同一条路上走来走去。

黑熊是杂食性动物，它以各种植物的叶、芽、竹笋和一些野果为食，特别喜欢吃蜂蜜，简直可以说是见蜜不要命。它的本领很大，能追寻蜜蜂飞行的方向寻找到蜂窝。一旦找到蜂窝，它就会不顾蜂群的进攻而猛扑上去。由于它的皮厚，被蜜蜂蜇刺几下也没有什么关系。但是如果遭遇大群蜜蜂的围攻，黑熊可就倒霉了，往往被群蜂蜇得鼻青脸肿。被蜇的黑熊一边跑，一边乱抓脑袋，有时还痛得直叫。尽管如此，黑熊仍然不顾危险，经常去掏蜂窝，找蜂蜜吃。

黑熊性情比较温和，惹人喜爱，它们不仅聪明，而且还富有感情。黑熊是动物界中出色的"演员"，经过训练的黑熊能够学会表演走

黑熊性情比较温和，惹人喜爱

钢丝、挑担子、耍扁担、推车、骑车、拿大顶、爬楼梯、踩球等杂技节目，是动物园里最吸引游客的主要角色之一。黑熊的动作很有趣，常常引得人们哈哈大笑。自然保护区里的黑熊有一部分已经不再怕人，有的还会爬到游客的车上要吃的东西。

大多数黑熊有冬眠的习惯。冬眠前，它寻找有营养的食物，吃饱肚子，然后爬到树洞中冬眠。冬眠期间，它不吃任何食物。

亚洲黑熊在天气恶劣时蛰伏，而美洲黑熊却要在冬眠中度过大半个冬季。在炎热的夏季，黑熊喜欢待在水里，因为在水中既凉快又可以避免虫子的叮咬。它们是出色的游泳运动员，可以横渡 1.5 千米宽的河流。

小黑熊

春天的大森林中，各种动物充满了活力。一只刚从冬眠中苏醒过来的母熊离开窝时，已经是两个孩子的妈妈了。黑熊一般都在一月底或 2 月初分娩，每次几乎都是双胞胎。

小黑熊出生 3 个月就学会了爬树。平时，它们只是在妈妈带领下爬树玩。但如果遇到危险，它们就立即爬到树上。为了安全起见，黑熊通常从不冒险到远离大树的地方去活动。如果小黑熊遇到危险爬上树，它们会在树上待几个小时，直到危险过后才下树。一般情况下，母熊总是让它的孩子趴在自己的背上，以便保护它们。如果受到其他动物的威胁，母熊就会拼命地保护它的孩子。小黑熊将和妈妈一起度过冬天和第二年的春天。然后母熊就让它们独立生活。

黑熊的经济利用价值也使它遭到了人们的频繁捕杀，目前黑熊的数量已大大减少。我国已将黑熊列为国家二级重点保护动物。

马来熊

马来熊是熊类家族中体型最小的一种

马来熊又叫太阳熊、日熊，分布于印尼、缅甸、泰国、马来半岛及中国南部边陲的热带、亚热带山林中。马来熊是熊类家族中体型最小的一种，体长一米左右，体重约50千克。它体胖颈短，头部短圆，耳朵和眼睛都较小，鼻、唇裸露无毛。身上黑色的毛短而光滑；鼻与唇为棕黄色，眼圈灰褐色；胸部有一个棕黄色的马蹄形块斑。两肩有对称的毛旋，胸斑中央也有一个毛旋。

马来熊的看家本领是攀爬，于是它把大部分时间都花在了树上，把家也安在枝叶之间。马来熊主要吃果、叶以及昆虫和白蚁。夜间是马来熊的天下，而白天它却会悠闲地躺在树上晒太阳。

马来熊把大部分时间都花在了树上

眼镜熊

眼镜熊又叫南美熊、安第斯熊，分布于南美委内瑞拉西部、哥伦比亚、厄瓜多尔、秘鲁和玻利维亚西部的山区。它主要生活在森林中，是惟一产在南美洲的一种熊。南美熊体长 1.5～1.8 米，肩高约 0.76 米。它头部较大，四肢短粗，眼睛与耳朵也很小，体毛为黑色或棕黑色，眼睛周围有白色圆圈或半圆圈，因而得名眼镜熊，它的脖子下面也有一个半圆圈。眼镜熊据说是吃植物性食物最多的一种熊，它吃各种果、叶、根、茎，很少吃昆虫。它虽然躯体笨重，但很善于攀爬。眼镜熊通常独自活动，偶尔以小家庭为单位，共住在一棵大树上。

眼镜熊

知识点

眼镜熊的繁殖

眼镜熊的恋爱季节大约在每年的 4～6 月。情投意合的情侣们会在一起待上几日，其间交配数次。熊仔通常在 11 月至翌年 2 月降临尘世，孕期长达 6～8 个月。这么长的孕期或许也因为同样存在受精卵延迟着床现象的缘故。受精卵的延迟着床十分有助于宝宝未来的成长，毕竟不会有人愿意在食物匮乏的时候来到这个世界白白受苦。眼镜熊妈妈每次会生下 1～3 个孩子。孩子们刚出生的时候也小的可怜，只有 300～360 克重。它们的眼睛在 42 天左右睁开，等长到 3 个月大的时候，就可以跟着妈妈去外面溜达了。独立生活后的母熊性成熟大约是 4～7 岁。

懒 熊

懒熊生活在亚洲的印度、斯里兰卡的热带森林中。懒熊体长 1.4 ~ 1.8 米，体重 90 ~ 110 千克，长着一身黑色的长毛，尤其是肩上的毛最长，前胸有一块"V"形的白色、黄色或浅褐色的块斑。

懒 熊

懒熊主要吃昆虫、腐肉、蜂蜜、果子等，也吃各种小脊椎动物，特别喜欢吃白蚁。它的嘴部长相奇特，下唇长而灵活，形状像舌头，没有上门牙，在牙龈上形成一个空隙。懒熊吃白蚁时，先用长而弯的前脚爪将蚁穴扒开，吹去浮土，然后将嘴伸进白蚁藏匿的缝隙中，像个吸尘器似的把白蚁从缺掉门牙的地方吸入口内。它吃白蚁的声音很大，在 100 多米以外都能听见。

为何叫"懒熊"

懒熊尾巴粗短，脚掌堪称巨大，脚掌上长有很长的爪钩，不但方便它们挖掘蚁穴，还便于它们爬树。这些爪钩形状类似树懒，懒熊的名字也因此得来。并不是人们所认为的"生性懒惰"而称"懒熊"。

浣　熊

浣熊分布在美国、加拿大南部、中美洲北部，生活在有森林的池塘、湖泊、溪流、沼泽区及城市郊区。浣熊分为长鼻浣熊（又叫南美浣熊）、蓬尾浣熊、蜜熊、食蟹浣熊等几种。浣熊与我国的珍贵动物小熊猫是近亲，同属浣熊科动物。它个子很小，体长只有 65 ~ 75 厘米，体重在 7 ~ 13 千克之间。它身体又肥又短，四肢细长，嘴巴尖，毛色较杂，灰、黄、褐等色混在一起，面部还有黑色的斑毛。尾巴肥大，上面有黑白相间的环纹，有点像小熊猫。

浣熊是杂食动物，既吃老鼠、昆虫、青蛙、鱼、虾、蟹，也吃果实、鸟蛋。它前爪灵巧，能从小溪和池塘中捕食鱼虾。它喜欢单独活

浣熊前爪灵巧，能从小溪和池塘中捕食鱼虾

动，白天在地上觅食，晚上则睡在干净的树上。浣熊每次吃东西前总要将食物放在水中洗一下，因而得名。

浣熊不管住在哪儿都离不开水。动物园里的饲养员在给浣熊喂食时，总是在它身边放上一盆清水。因为浣熊吃东西时特别讲究，喜欢将食物先放在水里洗一洗再吃。比如它吃鱼，会先把鱼咬死，用脚按住，伸出利爪扒掉鱼鳞吃鱼肉，它吃一块洗一块，洗洗吃吃，吃吃洗洗，真够忙的！不但如此，浣熊在吃的时候，还不时地洗一洗手。当然它并不像人那样洗手，而是用爪拍打着水，就算洗手了。它洗食物也是如此，把食物放在水中，用前爪拍打着食物。也因为它的这种习性，所以人们叫它浣熊。浣就是"洗"的意思。

浣熊为什么爱洗食物呢？科学家通过观察发现，浣熊这样做并不是为了

浣熊与小熊猫是近亲

讲究卫生、爱干净，因为它们有时用泥水洗食物，结果越洗越脏。有的科学家认为浣熊爱洗食物是因为它们的口中缺少唾液腺；有的科学家认为这是因为它们喜欢水中的食物，这些食物吃起来格外有滋味；而有的科学家则不同意这种说法，因为浣熊在吃水分较多的果子和蔬菜时，也要放在水里洗一下，有时它们在没有水的地方找到食物，也会先做出"洗"的动作。

后来科学家通过仔细的观察，终于找到了浣熊爱洗食物的原因。原来，浣熊在自然条件下并不洗什么东西，只是到了动物园中，没有了自由，也没有机会去水中捕食鱼虾，它"英雄无用武之地"，于是便模仿在水里捕食的动作，而这一动作看起来像是在洗食物似的。

浣熊胆子很大，它经常闯入人们的家中或跑到庄稼地里偷东西吃，因而人们称它为"小强盗"。在北美的一些居民家中，常常会看到这位"不速之客"在大肆"抢劫"。

浣熊会用灵巧的前肢抓住房门上的把手，破门而入，进入室内，然后毫无顾忌地翻箱倒柜，打开冰箱，扭开罐头盖，吃这吃那，将屋子弄得乱七八

长鼻浣熊

糟的。浣熊虽然很淘气，但长相可爱，讨人喜欢。许多家庭主妇见到它们后，不但不把它们赶出门，还拿好吃的食品招待它们。小浣熊很机灵，如果见到主人拿出奶瓶，就会排队挨个上去喝牛奶。浣熊有时成群结队在路边、城镇翻垃圾桶找食物吃。

浣熊喜欢睡在干净的树上

母浣熊怀孕期约 2 个月，在树洞里产崽，一胎 2 ~ 5 崽。浣熊妈妈非常疼爱它的小宝宝，它常常靠在树边，坐着给小浣熊喂奶，还轮流给它们梳理体毛。浣熊妈妈除了哺育自己的儿女外，也会照顾那些失去了父母的"孤儿"。

浣熊妈妈带领儿女们外出游玩时，如果遇上狼、猫头鹰等敌害的袭击，它会用嘴衔着小浣熊逃往他处，或是用脚掌猛击小浣熊的屁股，催它们爬上树躲避。一旦被敌害追得无路可逃时，浣熊妈妈就挺身与敌害搏斗，以保护自己的孩子。

蓬尾浣熊

当小浣熊长得稍大一些时，浣熊妈妈就带它们外出，教它们捕食的本领。1 年以后，小浣熊已变得体格健壮，能够自己寻找食物和逃避敌害，浣熊妈妈这才放心地让它们独立去闯世界。浣熊的寿命为 16 ~ 22 年。

长鼻浣熊又叫南美浣熊，生活在中美洲和南美洲的森林中。它行动敏捷，善于攀援，是捕食高手。南美浣熊最显著的身体特征是鼻子较长，它白天用长鼻子在地面寻找食物，用强有力的爪子挖掘食物的根茎。它还会爬到很高的树顶上去找果子吃。

蓬尾浣熊生活在美国和墨西哥西部的干燥地区。这种浣熊最大的特征是长有一条美丽的长尾巴，尾毛长而蓬松，上面有黑白相间的环纹。它喜欢在多岩石的地方活动，可以毫不费力地攀上岩壁。蓬尾浣熊以老鼠、鸟类和昆虫等小动物为食。它捕捉猎物时，常常突然猛扑到猎物身上，一口咬死猎物，然后用牙齿把猎物撕开。当地居民常常用驯服的蓬尾浣熊来捕捉他们住处的老鼠和其他害虫。

浣熊也喜欢在树洞中睡觉

蜜熊是浣熊的一种，分布在墨西哥南部、巴西等地。蜜熊体长 40～76 厘米，尾长 39～57 厘米，体重 1.4～4.6 千克，身材像猴子，长有一条能卷住东西的长尾巴，有"第五只手"之称。蜜熊主要吃花、果子、蜂蜜、昆虫、小鸟、鸟蛋等，特别爱吃蜂蜜，因而得名。它性格孤僻，喜欢单独活动，主要生活在树上，很少下地活动。它白天在树洞中睡觉，晚上在树上活动觅食。蜜熊善于爬树，它的口角下，喉咙后面以及肚脐附近无毛的部位会分泌腺体擦向树木，以便于与同类联系。

知识点

"食物小偷" 的由来

浣熊眼睛周围为黑色，尾部有深浅交错的圆环，皮毛的大部分为灰色，也有部分为棕色和黑色。也有罕见的白化种。体长 65～75 厘米，尾长约 25 厘米。浣熊为杂食动物，食物有浆果、昆虫、鸟卵和其他小动物。生活在都市近郊的浣熊常会潜入人类住处偷窃食物，加上眼睛周遭的黑色条纹特征，因此常被称为"食物小偷"。

大部分生活在加拿大，晚上十二点后出门，加拿大人称之为神秘小偷。

藏马熊

藏马熊体重 150～170 千克，体形庞大笨重，体长 1.3 米，吻部突出较长，颈部有类似于围巾类的白色的毛，胸口有一块月牙一样的白般毛。成年体长在 1 米以上，所见最大个体体长约在 2.5 米左右，头宽而吻尖长，耳壳圆形，肩高超过臀高，站立时肩部隆起，尾特短，四肢特粗壮，前足腕垫不与掌垫相连，毛被丰厚，背部毛长 130～150 毫米，体侧毛长 200 毫米左右，毛色变异较大，有棕褐色、褐黑色、污白色、褐黄色等，但不管何种色型，其表现的色调总是模糊不清，个别个体胸部有"V"形大白斑，幼体的毛色变异更大。

藏马熊

藏马熊有冬眠习性，冬眠时，多寻找偏僻的山洞，入眠和觉醒的时间变动很大。藏马熊性凶猛而力大，食性杂，主要以翻掘洞穴的方法捕食鼠兔和旱獭，也涉水捕食水禽的雏鸟，在牧区也捕食家畜，盗猎者葬身熊腹的情况也有发生，还吃没有腐烂的动物尸体。在可可西里，巡山队员们发现藏马熊掩埋藏野驴、藏羚羊的尸体，应该说是其储存食物的一种行为。藏马熊也吃各种植物，还经常有窜入房内偷吃食物的现象。

它每年八九月交配，怀孕期约 7 个月，来年三四月份产仔，每胎多为 2 仔，但也见到过大小 7 头藏马熊一起活动的场面，幼子跟随母体生活一直到第二年冬季。

由于人为干扰较少，藏马熊在可可西里分布较广，分布于昆仑山脉和帕米尔高原数量也多，夏季遇见的概率比任何地区都多。在保护区的高寒草原、高寒荒漠草原和高寒草甸等各种环境中均有藏马熊栖息。

蜜 熊

蜜 熊

蜜熊分布于中南美洲的热带雨林中，从墨西哥东南部直到巴西。蜜熊喜欢吃果实和昆虫，特别喜欢甜食，会区蜂巢盗吃蜂蜜，蜜熊的树栖性很强，尾巴具有缠绕性，在食肉目中，只有两种动物的尾巴有缠绕性，另外一种是分布于东南亚的猫型类的熊狸（熊狸属于灵猫科），二者无论是分布还是亲缘关系均较远。

蜜熊是浣熊的同类，但身材像猴子，具有食肉目动物少有的能卷住东西的长尾，有"第五只手"之称。长尾蜜熊，正如其名，酷食蜂蜜，使用长舌头舔取蜂蜜，利用尾巴、脚、爪子翻越树枝，且善于爬树。

蜜熊是极难捉摸的动物，它们白天在树洞中睡觉，晚上在森林中地面以上的天蓬高处活动。同样难懂的还有它们名字的起源。通过玛瑞亚·韦伯斯特的学院词典了解到，"蜜熊"一词是由阿尔冈琴语系"豹熊"的法语变更而来的。这是怎么发生的呢？豹熊生活在地球北纬极高的地带；而蜜熊生活在南半球的南回归线一带；豹熊的体重达到 20 千克；而蜜熊最大也只有 4 千克重。尽管如此，这两种动物都有强壮的脚爪，圆

蜜熊有一条能卷住东西的长尾巴

圆的耳朵和厚厚的皮毛，并且生活在树上，如果见过的话，很难想象这两种动物怎么会被认为是一种动物。但是可能蜜熊毛皮是沿着美国本土广泛的交易路线而到达了北半球的，而法国毛皮商认为它们是小豹熊的毛皮。

另外一种导致混淆身份的情况是，考虑到蜜熊的科学名字，Potos flavus，简单地翻译自拉丁文"黄金酒徒"。给蜜熊这样一个名字是因为它金色的皮毛和爱吃花蜜的爱好，还是因为它身体上和美洲 potto 有相似之处？这两个问题有待于生物学家或者是语言学家去解决。

在巴拿马热带雨林的天篷的高处，一只名叫 Lotus 的蜜熊带着它的幼崽去吃一顿筏花蜜。那只幼崽大约 3 ~ 4 个月大，才刚刚学会

蜜 熊

吃一些草料。摄影师迈特尔斯·克鲁姆发现，那些蜜熊也不时地咀嚼花的部分，甚至包括带着果实的花瓣，特别是一些野生的无花果树，是它们在这个地区主要的食物。

蜜熊喜欢吃花蜜

它与人一样，但是蜜熊的一只手掌没有可与其他手指相对的拇指。但是这几乎不会限制性能。凯斯说："它们可以像人抓住一个苹果一样抓住一个无花果，它们通常只用一只手吃东西。"而脚爪可以帮助它们攀登树木，当它们在树枝上水平地移动时，那些软垫给了它们很好的牵引力。并且凯斯注意到，"在它们手掌上可以折叠的图案给了它们像人类一样的生

命线。"

这只蜜熊一边用后爪挠痒痒，一边吐出蜿蜒的舌头打着哈欠，看来它是为了吃夜餐刚刚醒来，长长的舌头帮助蜜熊找到藏在花瓣深处的花蜜。德国的博物学家杰哈·斯科瑞伯在1774年做了关于蜜熊的第一次描述，他认为，蜜熊是狐猴的一种，现在蜜熊被归类于浣熊家族。

一只蜜熊幼崽走进了摄影机镜头的范围之内，在吃了盛满花蜜和雨水的大丛的筏花之后它的脸很潮湿。"我瞬间拍下了它，"凯斯说，"那两只眼睛看起来就像是在询问，这是什么？它危险吗？这个镜头就像是来自大自然的一个礼物，一个祝福，你明白吗？"